로봇 축구 시스템의 이해와 실습

김동한 · 정태충 공저

도서출판 상 학 당

머 리 말

수세기 동안 인간은 인간의 몸을 기계적으로 모사하기 위해 노력해왔다. 고대 이집트인들은 그들의 신들의 상(statue)에 기계적인 팔을 달아서 신으로부터 영감을 받았다는 사제에 의해서 작동했다. 20세기 후반 들어 여러 가지 요인들이 로봇의 발전에 기인했다. 인공지능을 연구하던 사람들은 컴퓨터를 이용해서 사람의 정보처리 과정을 모사했고 이를 시험하기 위해 여러 가지 기계적인 부분을 개발했다. 자동화에 관심이 많았던 회사, 가령 자동차 회사 등에서 대량의 물량을 공급한 것도 한 요인이다. 여기에 원자력을 다루던 공장이나 심해 작업 또는 우주에서의 활동 등의 필요에 의해 로봇 분야가 발전을 하게 되었다.

로봇(Robot)은 '일꾼(Worker)'라는 뜻의 슬라브어이다. 1921년 체코슬로바키아의 극작가 카렐 카펙(Karel Kapek)의 작품에 이 Robot이라는 기계가 등장함으로써 널리 알려지기 시작했다. 1926년에는 로봇이 나오는 최초의 영화 'Metropolis'가 독일에서 개봉되기도 했다. 그러다가 1950년에 와서는 아이작 아시모프(Issac Asimov)의 'I Robot'이라는 작품에 지능을 갖는 휴머노이드 로봇의 기본 법칙이 만들어지기까지 했다.

이러한 로봇은 용도별로 크게 산업용 로봇과 비산업용 로봇으로 분류된다. 주로 관절형인 산업용은 프로그램에 따라 생산 라인에서 용접하고 조립하는 단순, 반복작업용 로봇이고, 비산업용은 서비스용, 의료용, 오락용 로봇 등을 말한다. 최근 연구진들은 지능화하고 있는 비산업용 로봇들을 어떻게 협동작업을 하게 할 것인가 하는 문제에 대해 심각하게 고민하고 있으며, 이를 응용한 로봇 제작에 깊은 관심을 두고 있다.

이와 같이 오락용 또는 경기용 로봇을 제작하기 위해서는 로봇들간 팀플레이가 가능하도록 로봇에 대한 행동관리 연구가 필수적이다. 전문가들은 이러한 개체들간 행동이론을 다루는 연구분야를 '다개체 시스템'이라고 한다.

개체란 일반적으로 목적과 행동능력, 그리고 자기가 속한 환경에 대한 정보를 소유하고 있는 한 객체를 말하며 개체의 활동방식을 행동이라 한다. 다개체 시스템을 구현하기 위해서는 많은 수의 개체들로 이루어지는 시스템의 구현원리를 정하고, 시스템 내에서 개체들이 독자적인 행동을 하면서 동시에 서로 협력할 수 있도록 하는 동작 메커니즘을 제공해주어야 한다. 지능시스템에서 개체간 행동들을 효과적으로 제어하고 목적에 맞게 협력하도록 하는 분야는 인공지능의 새로운 연구 분야로 현재 신경회로망 등을 이용해 활발히 연구하고 있다.

다개체 시스템의 대표적인 예가 로봇 축구 시스템이다. 로봇이 축구를 하기 위해서는 복합적인 기술이 요구된다. 로봇 축구 시스템은 기본적으로 5대의 로봇, 비전 시스템, 통신장비, 1대의 주컴퓨터로 이루어진다. 시스템을 구성하는 방법에 따라, 즉 축구를 하기 위한 지능이 어느 곳에 구현되는가에 따라 로봇 중심 시스템 또는 비전 중심 시스템으로 나눌 수 있다. 로봇 중심의 로봇 축구 시스템은 비전 시스템을 통해 주컴퓨터에서 처리된 공과 로봇들의 위치 정보를 로봇에 보내 로봇이 이를 이용해 자율적으로 움직이는 방식이다.

로봇 축구 시스템은 종합적인 연구가 필요한 분야로 향후 더욱 지능화될 수 있으며 몇 년 안에 일반인들도 로봇 축구경기를 관람할 수 있을 정도로 대중화될 것으로 전망된다.

저자 씀

차 례

제 1 장

로봇 축구 시스템의 분류

1.1 로봇 축구 시스템의 구조

로봇 축구 시스템은 다개체 지능제어 시스템이며, 지능제어 시스템이란 불확실성을 다룰 수 있고 학습 능력과 자율성을 가진 시스템을 말한다. 지능제어 시스템은 환경에 대한 반사능력, 내부 상황에 대한 조절 능력, 정보처리 능력, 문제 해결 능력, 학습 능력, 추론 능력, 강인성 및 신뢰성을 갖추어야 한다. 퍼지 제어, 신경 회로망, 진화 연산 등의 기법은 시스템의 지능을 높이는데 이용될 수 있는 알고리즘들이다. 이런 알고리즘들은 모두 인간의 사고체계 및 행동 양식을 모방하려는 동기에서 나온 것이다.

다개체 시스템을 구현하는 것은 많은 수의 개체들로 이루어진 지능 시스템의 구현 원리를 정하고 그 시스템 내에서 개체들이 독자적인 행동을 하고 동시에 서로 협력할 수 있도록 하는 동작 메커니즘을 제공해 줄 수 있는 것을 말한다. 다개체 시스템을 이용할 경우의 장점은 하나의 중앙집중식 시스템으로는 해결할 수 없는 아주 복잡한 일들을 수행할 수 있으며, 여러 일을 할 수 있는 우수한 시스템을 만드는 것 보다 능력은 다소 떨어지지만 여러 종류의 만들기 쉽고 싼 시스템을 제작하는 것이 유리할 수 있다는 점이다.

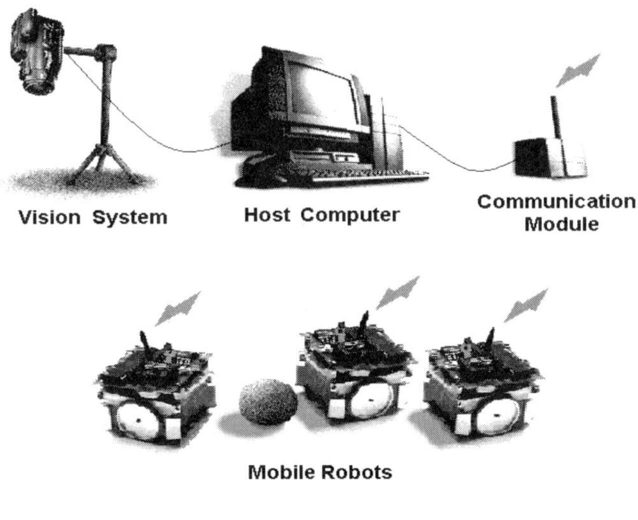

[그림 1.1] 로봇 축구 시스템의 구성

이와 같은 로봇 축구는 지능제어 시스템과 다개체 시스템의 특징을 모두 가지고 있으며, 따라서 그 연구 가치가 매우 높은 시스템이라 할 수 있다. 축구로봇 시스템은 로봇, 영상 시스템, 통신장비, 주 컴퓨터로 이루어진다. 이런 시스템을 구성하기 위해서는 CPU의 선택, 로봇의 구동 방법, 센서의 이용 등 다양한 기술이 필요하다. 이러한 기술을 어떤 방식으로 적용할 것인가는 로봇 시스템의 어느 부분을 지능화할 것인가에 따라 달라진다. 여기서 말하는 지능은 주어진 목적을 이해한 후에 주변 환경을 분석하고 각 로봇들이 목적을 달성할 수 있도록 제어를 하는 능력을 일컫는다.

그림 1.1은 로봇 축구 시스템의 구성을 나타낸 것이며, 위의 그림에서 지능은 주 컴퓨터 또는 이동 로봇 아니면 양쪽 모두에 포함된다. 시스템의 지능이 어디에 구현되었는가와 어느 정도 구현되었는가에 따라 구현할 로봇 시스템을 비전 기반 축구로봇 시스템(Vision-based soccer robot system)과 로봇 기반 축구로봇 시스템(Robot-based soccer robot system)으로 나눌 수 있다.

비전 기반 축구로봇 시스템은 다시 원격지능형 축구로봇 시스템(Remote-brainless soccer robot system)과 지능내재형 축구로봇 시스템(Brain-on-board soccer robot system)으로 나눌 수 있다. 대부분의 구현된 로봇 시스템들은 3가지 방법 중 하나에 속하거나 또는 3가지 방법이 혼용된 것이다. 본 장에서는 로봇 축구 시스템을 구현하는 3가지 방법을 정의하고 각각 장단점을 알아보겠다.

1.2 비전 기반 축구로봇 시스템

1.2.1 원격지능형 축구로봇 시스템

원격지능형 축구로봇 시스템(Remote-brainless soccer robot system)은 그림 1.2에서와 같이 로봇 축구 수행에 필요한 지능의 대부분이 주 컴퓨터에서 구현되는 방식이다. 이 시스템의 경우 로봇은 구동부와 간단한 제어를 할 수 있는 연산부로만 이루어지고 모든 계산은 주 컴퓨터에서 처리되어 로봇에게 전달되는 방법이다. 로봇에게 전달되는 정보는 원하는 각 바퀴의 속도 값이 된다. 이러한 시스템은 한 대의 컴퓨터가 세대의 RC카(Radio-frequency Control car)를 조정하는 것과 같다.

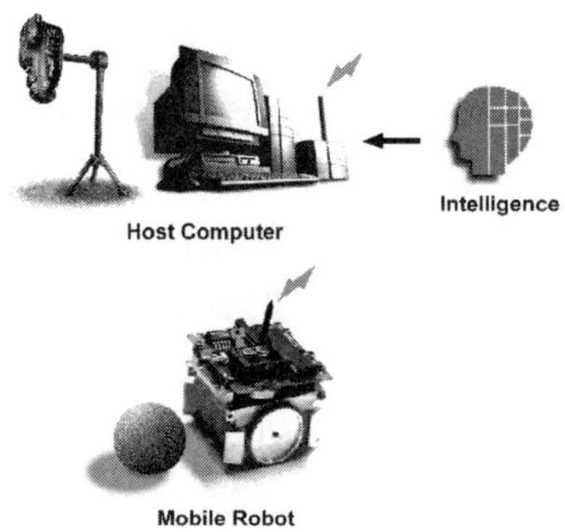

[그림 1.2] 원격지능형 축구로봇 시스템

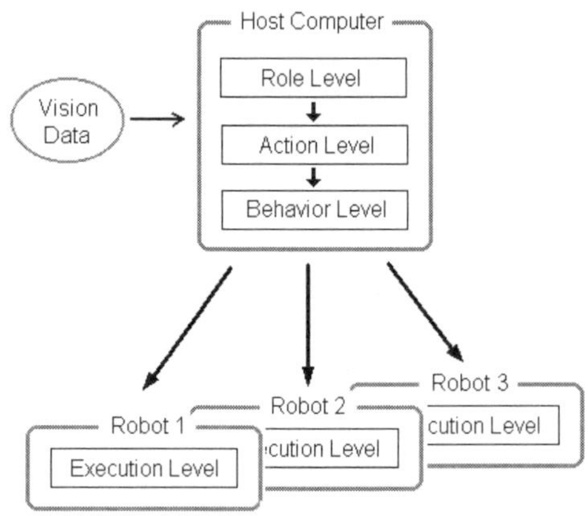

[그림 1.3] 원격지능형 축구로봇 시스템의 제어 구조

그림 1.3은 원격지능형 축구로봇 시스템의 제어 구조를 나타낸 것이다. 모든 판단과 연산은 주 컴퓨터에서 이루어지며, 로봇은 간단한 모터 제어 정도만을 수행한다. 주 컴퓨터 내의 role level은 각 로봇의 역할을 결정하는 부분이다. 즉 각 로봇이 수비수, 공격수, 골키퍼 중 어떤 역할을 할지 등을 결정한다. Action level에서는 각 로봇이 맡은 임무에 따라 어떤 행동을 취할지를 결정한다. 예를 들어 수비수가 상대 진영에서 공격수를 돕고 있을 경우 공으로 접근하여 공격수에게 패스하는 동작을 해야 한다. 이와 같이 로봇이 취할 수 있는

패스, 걷어내기, 드리블, 슈팅 등의 동작을 결정하는 단계가 action level이다. Behavior level에서는 action level에서 결정한 행동들을 취하기 위해 로봇을 구동하는 움직임을 선택하고 계산하게 된다. 즉 장애물 회피나, 원하는 위치로의 이동, 로봇의 방향각 조정 등을 통해 원하는 행동을 만들어낸다. 로봇은 속도제어를 할 수 있는 연산장치로만 구성된다.

원격지능형 축구로봇 시스템은 세 가지 방법 중 로봇의 구조가 제일 간단하여 값싸게 구현할 수 있다. 이 방법은 로봇 자체에는 센서등이 내장되어 있지 않으므로 정확한 제어를 위해서는 주 컴퓨터의 계산능력이 뛰어나야 한다. 일반적으로 로봇의 위치제어나 다른 여러 제어를 위해서 로봇에 내장된 제어기를 사용하게 되는데 이 방식은 제어기가 외부의 주 컴퓨터에 있는 것이다. 정확한 제어를 위해서는 빠른 샘플링 시간이 요구되므로 영상처리, 제어 알고리즘, 통신 등의 처리시간이 빨라야 한다. 그러므로 고성능의 영상 시스템 및 주 컴퓨터 시스템이 필요하다.

원격지능형 축구 로봇 시스템의 모든 소프트웨어는 한 대의 컴퓨터에 집중되어서 구현된다. 이러한 방식은 중앙집중 시스템의 장단점을 모두 가지게 된다. 중앙집중식의 유리한 점은 다개체 시스템의 효율적인 협동작업을 위해 통신 로봇간 수단이 따로 필요 없으므로 쉽게 프로그래밍으로 구현될 수 있으나, 강인성의 문제점과 개체수가 점점 많아지게 되면 주 컴퓨터의 계산 부하가 점점 커지게 되는 단점이 있다.

1.2.2 지능내재형 축구로봇 시스템

지능내재형 축구로봇 시스템은 1.2.1절에서 설명한 원격지능형 축구로봇 시스템과 1.3절에서 설명할 로봇 기반 축구로봇 시스템의 중간 레벨로 생각될 수 있는 방법이다. 그림 1.4 에서와 같이 주 컴퓨터와 이동 로봇에 지능이 나뉘어서 구현된다. 이동 로봇은 간단한 장애물 회피, 위치제어, 속도제어를 할 수 있는 능력을 가지도록 구성되고, 주 컴퓨터에서는 영상에서 처리된 데이터에 의해 기본 전략을 계산한 후 각 로봇에게 어느 위치로 이동하라는 등의 명령을 보내도록 구성한다.

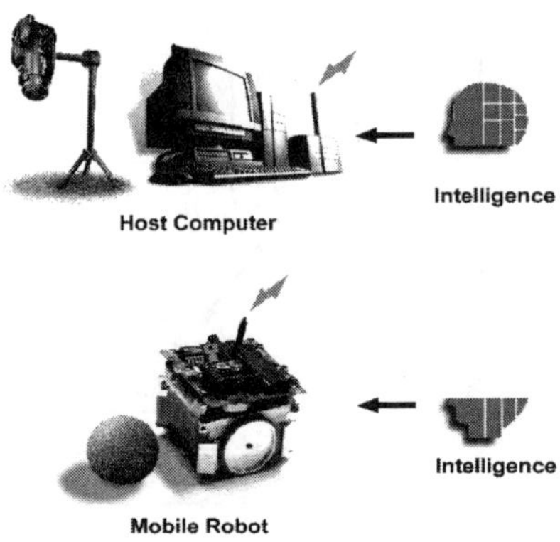

[그림 1.4] 지능내재형 축구로봇 시스템

그림 1.5는 지능내재형 축구로봇 시스템의 제어 구조를 나타낸 것이다. 임무를 분석하고 취해야 할 행동을 결정하는 것은 주 컴퓨터에서 이루어지며, 로봇의 주행과 센서를 이용한 장애물 회피 등은 로봇 내부에서 이루어진다. 로봇은 원격지능형 축구로봇 시스템보다는 많은 기능이 내장되어 있어야 한다. 대신 주 컴퓨터가 처리하는 계산 부하는 원격지능형 축구로봇 시스템보다 줄어들게 된다. 주 컴퓨터는 비전 정보를 받아들여 전술에 따라 각 로봇의 역할과 행동을 결정하며 로봇은 자신이 취해야 할 행동에 따라 적절한 이동 및 장애물 회피, 자세제어 등을 하게 된다. 이 방법은 영상 시스템이나 주 컴퓨터의 샘플링 시간이 원격지능형 축구로봇 시스템보다는 느려도 된다. 이 시스템은 잘 훈련된 개를 이용하여 사람이 원하는 이동명령을 내리면 그대로 수행하는 방법에 비유될 수 있다. 여기서 주 컴퓨터에 해당되는 사람은 모든 개의 움직임을 세세히 신경쓸 필요 없이 상황에 맞는 전술을 선택하여 명령을 내리기만 하면 된다. 장애물 회피같이 위험 상황을 스스로 감지하여 이를 스스로 대처해 나갈 수 있도록 하여 감독하는 사람의 부담을 덜어 주는 것으로 생각할 수 있다.

지능내재형 로봇 축구 시스템에서는 연산 부하가 상위 레벨 시스템에 해당하는 주 컴퓨터와 하위 레벨 시스템에 해당하는 이동 로봇에 분산되어 있으므로 모듈화가 용이하다. 이 시스템을 효율적으로 구현하면 앞 절에서 설명한 원격지능형 축구로봇 시스템과 뒤에서 설명할 로봇 기반 축구로봇 시스템의 장점을 살릴 수 있다.

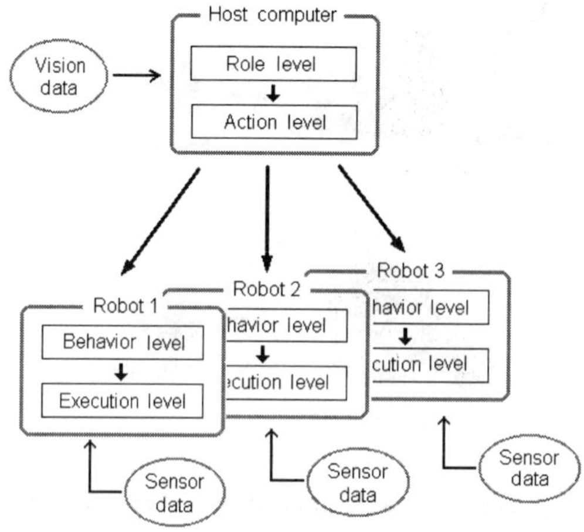

[그림 1.5] 지능내재형 로봇 축구 시스템의
제어 구조

1.3 로봇 기반 축구로봇 시스템

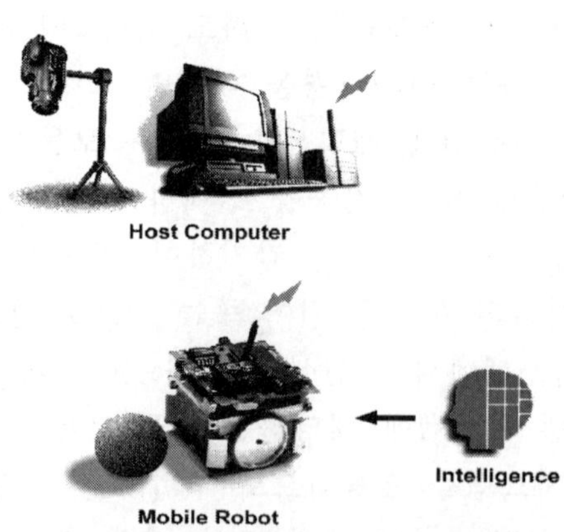

[그림 1.6] 로봇 기반 축구로봇 시스템

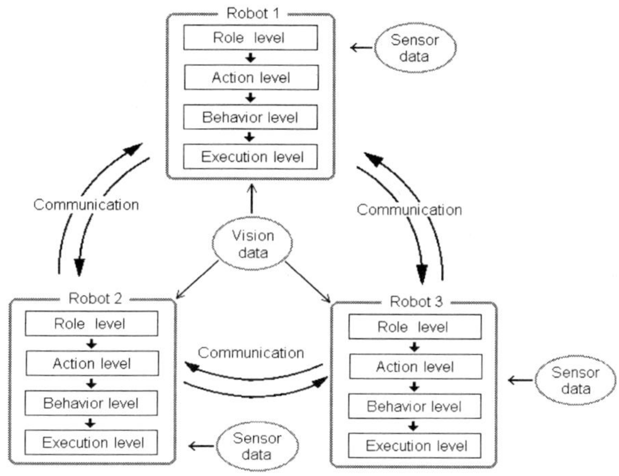

[그림 1.7] 로봇 기반 축구로봇 시스템의 제어 구조

로봇 기반 축구로봇 시스템은 그림 1.6 에서와 같이 로봇 축구 수행에 필요한 지능의 대부분이 로봇에서 구현되는 방식이다. 이 시스템의 경우 주 컴퓨터는 로봇들의 위치 및 각도와 공의 위치를 알아내는 작업만을 하며, 통신 시스템을 통해 각 위치정보를 로봇에게 전달할 뿐이다. 로봇은 자율이동 로봇으로 단지 영상 시스템을 갖지 않았기 때문에 외부에서 보내주는 정보를 이용하는 것이다.

그림 1.7은 로봇 기반 축구로봇 시스템의 제어 구조를 나타낸 것이다. 기본 행동의 수행이나 센서를 이용한 장애물 회피뿐 아니라, 임무를 분석하고 취해야 할 행동을 결정하는 것 등이 모두 로봇 내부에서 이루어진다. 이 방식을 이용한 로봇은 자체 기능이 많이 내장되어 있어서, 이동, 통신, 전략구사 등의 모든 처리를 해야 하기 때문에 구현하기 제일 어렵다. 대신 주 컴퓨터의 할 일은 영상처리와 통신 등의 간단한 일을 하게 되며 단순히 로봇의 외부 시각 센서로 생각할 수 있다. 이러한 시스템은 로봇이 스스로 센서를 이용하여 주변의 장애물이나 공 등을 직접 인식할 수 있고, 돌발적인 상황이 발생했을 경우에도 자체 판단 기능 및 대처 능력을 갖게 된다. 그러나 주 컴퓨터에서 많은 부분을 처리하는 앞의 두 시스템 구조의 경우에는 비전의 처리 속도가 곧 전체 시스템의 처리 속도가 되며, 로봇들의 순간 대처 능력이 비전 시스템 및 주 컴퓨터의 성능에 좌우된다. 로봇 기반 축구로봇 시스템 방식은 자율성과 높은 지능을 위하여 앞서 설명한 비전 기반 축구 로봇 시스템 방식에 비해 많은 연구가 되

어야 한다. 자율이동 로봇의 구현, 소프트웨어의 분산처리 협동을 위한 개체간의 통신 등이 현재 한창 연구되고 있는 분야들이다.

로봇 기반 축구로봇 시스템은 분산적인 시스템이므로 연산 부하가 한 곳에 집중되지 않는다. 따라서, 개체의 수가 증가하는 경우에도 적합한 구조라고 할 수 있다. 그러나, 로봇간의 통신이 이루어지지 않으면 각 로봇이 다른 로봇의 상태를 알아내기 어렵기 때문에 효율적인 협동이 이루어지지 않는다. 따라서, 로봇 기반 축구로봇 시스템의 장점을 살리고 개체간의 협동 능력을 높이기 위해서는 로봇간의 통신이 필요하다.

1.4 실제 로봇 시스템의 예

1.4.1 MIRO II 팀

MIRO II 팀은 원격지능형 축구로봇 시스템으로 구현하였다. 주 컴퓨터에서는 상황 판단과 각 로봇이 취해야 할 행동을 결정하고, 로봇이 결정된 행동을 취하기 위한 좌우 바퀴의 속도를 계산하여 로봇에게 넘겨주는 기능을 한다. 로봇은 주 컴퓨터에서 보낸 좌우 바퀴의 속도를 받아서 각 바퀴의 속도를 제어하게 된다.

주 컴퓨터에서는 영상 시스템에서 받아들인 위치정보와 저장되어 있는 세대 로봇의 상태정보를 가지고, 이후에 취해야 할 로봇의 상태변화와 그에 따른 행동을 결정한다. 즉, 모든 처리가 중앙집중식으로 이루어져 있다. 두 로봇은 공격과 수비를 맡아서 수행하며 때에 따라 공수 전환을 하게 되며 나머지 한 로봇은 골키퍼의 역할을 한다.

영상 시스템은 초당 30프레임의 영상정보를 처리하고 있으며, 로봇에게도 초당 30번의 속도 명령을 주게 된다. 로봇은 자체에 모션 제어용 전용칩을 가지고 있어서 받아들인 속도정보를 처리하게 된다. 따라서, MIRO II 팀의 로봇은 비교적 단순한 8bit 마이크로 제어기(micro controller)인 ATMEL사의 89C52를 이용한다. 89C52는 주 컴퓨터에서 전달한 속도정보를 받아들이고, 모션 제어기에 전달해주는 역할을 한다.

1.4.2 A.I.R 팀

A.I.R 팀은 지능내재형 로봇 축구 시스템으로 구현하였다. 주 컴퓨터에서는 상황 판단과 로봇이 취해야 할 행동을 결정하고, 로봇이 이동해야 할 위치를 로봇에게 넘겨주는 기능을 한다. 로봇은 주 컴퓨터에서 보낸 이동해야 할 위치에 따라 좌우 바퀴의 속도를 제어하여 목적지에 도달하는 기능을 가진다.

주 컴퓨터에서는 영상 시스템에서 받아들인 위치정보와, 저장되어 있는 세대의 로봇의 상태정보를 가지고, 이후에 취해야 할 로봇의 상태변화와 그에 따른 행동을 결정한다. 즉 모든 처리가 중앙집중식으로 이루어져 있다. 골키퍼는 한 로봇으로 고정되어 있으며, 나머지 두 로봇은 공격시에는 양 윙형태를 취하며 공격을 하게 되며, 수비시에는 두 로봇 모두 상대 로봇의 진로를 차단하고 공을 걷어내는 행동을 취한다.

영상 시스템은 초당 30프레임의 영상정보를 처리하고 있으며, 로봇에게도 초당 30번의 속도 명령을 주게 된다. MIRO II 팀과 같이 로봇은 자체에 모션 제어용 전용칩을 가지고 있다. A.I.R 팀의 로봇은 16bit 제어기인 Intel사의 80C196KC를 이용한다. 80C196KC는 주 컴퓨터에서 전달한 정보에 따라 로봇을 목적지로 이동시키도록 motion controller를 제어한다.

1.4.3 미라쥐(Mirage) 팀

미라쥐 팀은 로봇 기반 축구로봇 시스템으로 구현하였다. 주 컴퓨터는 영상 시스템의 데이터에서 로봇들과 공의 위치를 찾아내어 로봇에게 전달해주는 역할만을 한다. 로봇은 주 컴퓨터에서 보낸 정보와 5개의 적외선 센서 정보를 바탕으로 자신의 임무를 분석하고 그에 맞는 행동을 취한다. 골키퍼는 한 로봇으로 고정되어 있으며, 나머지 두 로봇은 공격과 수비를 전환하며 경기를 한다. 로봇간의 통신은 불가능한 구조이기 때문에 각 로봇은 다른 두 로봇의 위치나 움직임으로 다른 로봇의 역할을 추측하고 그에 따라 자신의 역할을 결정하고 행동한다. 미라쥐 팀의 로봇은 16bit 제어기인 Intel 사의 80C196KC를 이용한다. 영상 시스템은 초당 30프레임의 영상정보를 처리하고 있으며, 로봇에게도 초당 30번의 위치정보를 주게 된다.

1.5 시스템의 선택

다음의 방식은 축구를 하기 위한 지능이 어느 곳에 구현되는가에 따른 구분으로, 어느 방식이 더 우수한지는 쉽게 판명할 수 없다. 각 방식의 특징은 다음과 같이 정리할 수 있다.

(1) 비전 기반 축구로봇 시스템

① 원격지능형 축구로봇 시스템

- 장점 : 로봇의 구조가 간단하여 구현이 쉽다.
  프로그램의 개선이나 추가가 용이하다.
- 단점 : 주 컴퓨터와 비전 시스템의 연산 시간이 빨라야 한다.
  적외선 또는 접촉 센서 등의 국부적인 정보를 이용할 수 없다.

② 지능내재형 축구로봇 시스템

- 장점 : 시스템의 모듈화가 쉽고 시스템의 확장성도 용이하다.
  원격 지능형 축구 로봇 시스템보다 영상 시스템이 효율이 떨어져도 된다.
- 단점 : 로봇 프로그램과 주 컴퓨터 프로그램간의 일관성을 잃을 위험이 있다.

(2) 로봇 기반 축구로봇 시스템

- 장점 : 개체의 수가 증가하여도 개발이 용이하다.
  변화하는 환경에 대해 효율적이고 빠른 반응을 보일 수 있다.
  주 컴퓨터, 영상 시스템에 연산량이 집중되지 않는다.
- 단점 : 로봇 제작이 복잡하다.
  로봇간의 통신이 구현되어야 효율적이다.

로봇 자체의 지능은 마지막 방식이 제일 높지만 대신 구현하기 어렵다. 첫 번째 방식은 로봇 자체의 지능이 제일 떨어지므로 대신 주 컴퓨터의 능력이 뛰어나야 한다. 결국 전체 시스템을 놓고 보았을 때는 세 시스템의 지능 정도는 비슷하게 될 것이다. 세 가지 방식 중 선택하는 기준은 설계자의 연구관심

분야에 달려 있다. 원격지능형 축구로봇 시스템은 영상처리와 다개체 시스템의 이론 연구에 관심있는 사람들이 쉽게 접근할 수 있는 방식이며, 로봇 기반 축구로봇 시스템은 로봇 자체의 연구와 다개체 시스템의 실제 적용 연구에 관심있는 사람이 선택할 방식일 것이다. 이런 면에서 비전 기반 축구로봇 시스템은 로봇과 영상 등의 연구에 경험이 있는 사람에게는 쉽게 접근할 수 있는 방식이 될 것이다.

1.6 실험 시스템 설명

구현된 원격지능형 실험 시스템에 대해 비전 시스템, 로봇, 그리고 통신방식에 대해 설명하겠다.

1.6.1 비전 시스템

[그림 1.8] 비전 프로그램 실행 화면 1

경기장내 물체들의 위치를 알아내기 위해서 사용되는 컬러 비전 시스템은 컬러 CCD 카메라와 영상신호를 처리하기 위한 비전보드로 이루어져 있으며, 비전보드로는 Matrox Frame Grabber가 사용된다. 영상신호의 한 프레임을 저장하는데 약 33ms이면 된다. 물체의 위치를 계산하기 위해서는 색정보를 이용한다. 단순히 물체의 명암만을 이용할 경우 유사한 밝기의 물체들을 구분하는데 어려움이 있지만 색정보를 이용할 경우 물체 추출이 더 용이하다. 실험에 사용될 실행 파일의 화면은 그림 1.8과 같다.

그림 1.8의 왼쪽 상단이 카메라에서 컴퓨터로 전달된 화면이며 해상도는 320 × 240 픽셀이다. 처음 실행을 하여 System START(오른쪽 상단부분) 버튼을 누른 후 Processing 버튼을 누른다. 이때 생기는 화면은 그림 1.9이다. Processing 버튼을 누르고 나서 하는 일은 색깔 설정과 공과 로봇들의 초기 위치 지정이다. 먼저 색깔 설정을 위해서는 기존에 저장한 configuration 파일이 있으면 이를 불러서 사용하고 없으면(새로 로드할 필요 없이 바로 processing 버튼 누르면 기존에 저장된 색 로드파일이 자동으로 읽어진다) 새로 지정한 색깔, 경기장 크기 등을 configuration 파일로 저장할 수 있다. 처음 색깔을 설정할 때는 ONE GRAB 버튼을 선택하여 색깔의 범위를 지정하고, 색깔 범위를 변화시키려면 Histogram의 색범위표를 이용하여 마우스로 색범위를 지정한다. 색깔 설정을 하고 나서 경기장의 크기를 정한다. FIELD SET 버튼을 이용하여 왼쪽 위에 보이는 화면상에서 크기를 설정할 수 있다. 이런 기능과 관련된 부분의 버튼이 그림 1.9의 오른쪽 가운데 부분에 있는 것이다.

색깔 설정과 경기장의 크기를 정한 후 RUN 버튼을 누르면 로봇들이 움직인다. 각 상황(Kick Off, Penalty Kick, Free Kick, Free Ball 등)에 맞게 로봇들을 제어하는 전술에 대한 프로그램을 완성해야 한다.

비전(경기장 화면)화면 밑에 Home Area 버튼이 있는데 이는 자기편 골대가 왼쪽에 있는지 오른쪽에 있는지를 선택할 때 사용된다. 만약 자기편 골대가 Left Side로 선택되었으면 오른쪽 골대로 공을 넣어야 한다. 또 Home Area 버튼 옆에 있는 Home Color 버튼이 있는데 이는 자기편 팀색이 노란색인지 파란색인지를 선택할 때 사용된다. 실행중에 프로그램을 중지시키려면 Stop 버튼을 누른다. Stop 버튼이 눌리면 주 컴퓨터에서는 로봇들에게 데이터를 보내지 않으면 물체를 찾는 비전 프로그램도 중지된다. 다시 실행을 하려면 Ready 버튼을 누른 후 RUN 버튼을 누르면 로봇들이 움직이기 시작한다.

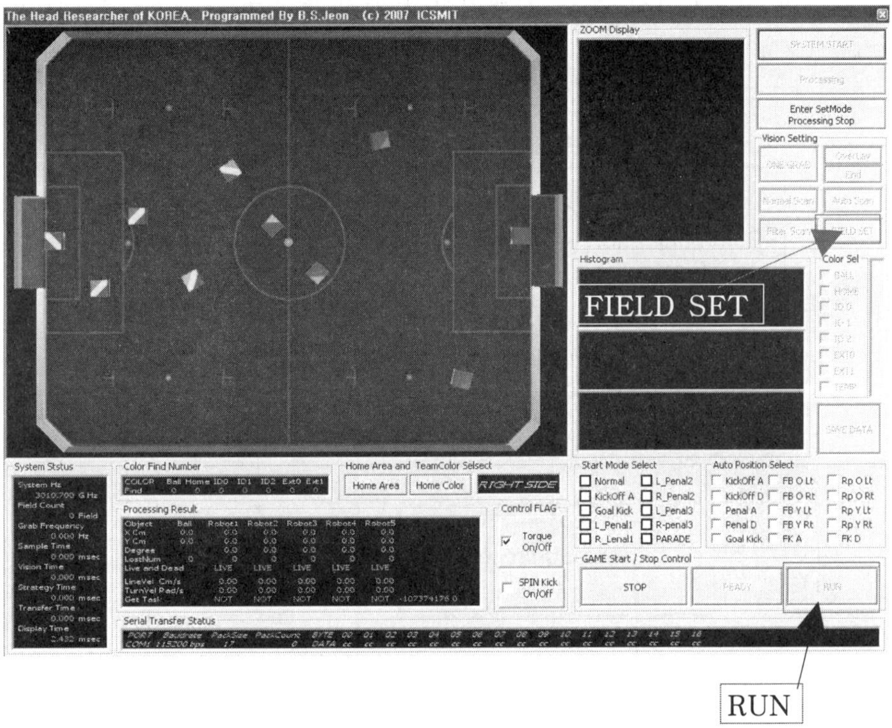

[그림 1.9] 비전 프로그램 실행 환경 2

1.6.2 로봇 시스템

로봇 축구 시스템을 이루는 요소 중에 하나가 로봇 시스템이다. 그림 1.10은 로봇 시스템의 주요 구성부를 나타낸 것으로, 로봇 시스템은 크게 마이크로컨트롤러, 모터 구동부, 통신부, 전원부로 이루어져 있다. 이들 각각에 대하여 공부하게 될 것이다.

완성된 로봇은 그림 1.11과 같다. 로봇은 크게 회로기판, 충전지, 모터, 몸체(바퀴 포함)로 구성된다. 로봇의 회로기판은 2개로 분리되어 있으며 밑에 있는 기판에는 주로 파워소자들(전원 레귤레이터, 모터구동 칩)이 있고 위에 있는 기판에는 마이크로컨트롤러와 적외선 통신 모듈이 있다. 그리고 컴퓨터에서 직접 속도 데이터를 받아서 제어를 할 수 있게 하는 회로도 존재한다. 충전지는 로봇의 모터전원과 로직회로의 전원으로 쓰인다. 모터는 130 : 1의 기어비를 가진 소형 DC 모터를 사용한다. 로봇의 특성을 좋게 하는 요인 중에 하나가 모터이며, 모터의 반응시간이 짧고 선형적인 특성이 좋으면 로봇의 성능이 뛰어나게 된다.

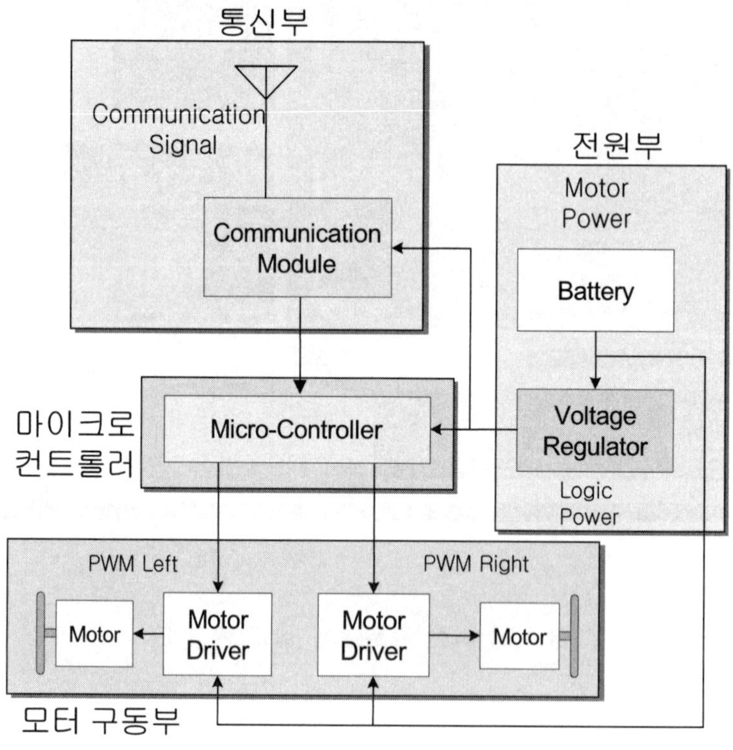

[그림 1.10] 로봇 시스템의 주요 구성부

[그림 1.11] A.I.R팀의 로봇 사진 (윗면, 옆면, 정면사진)

1.6.3 적외선 통신

실험 시스템은 원격지능형 축구로봇 시스템으로 구현되어 있다. 즉, 주 컴퓨터에서 바퀴속도에 대한 명령을 내리면 이동 로봇들은 자신의 바퀴를 움직인다. 그리고 주 컴퓨터와 로봇간 통신은 RF(라디오 주파수) 방식을 주로 쓰나, 여기서는 적외선 방식으로 구현되었다. 적외선 통신 방식에서는 발광부에서 수광부에 신호를 보내면 시야각 내에서는 정확한 데이터를 받을 수 있다.

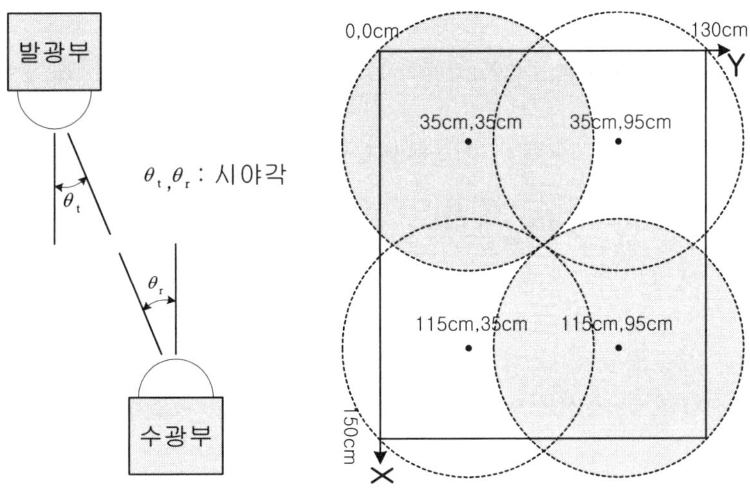

[그림 1.12] 적외선 통신

시야각이 제한되어 있으므로 경기장 전체에 대해서 적외선 통신으로 주 컴퓨터에서 보낸 데이터를 로봇들이 받으려면 발광부에 4개의 적외선 모듈이 필요하다.

각 팀별로 주 컴퓨터에서 보내는 데이터 패킷은 중계기를 거쳐서 적외선 모듈로 전달된다. 중계기에서는 컴퓨터에서 먼저 온 데이터 패킷을 처음에 보내고 그 다음에 온 데이터 패킷을 나중에 보낸다. 각 데이터 패킷의 처음부분에는 각 팀을 구분하는 데이터가 존재하여 로봇은 자기 팀의 데이터만을 받는다. 즉, 3대의 로봇에 대한 데이터 패킷은 처음에 팀을 구분하는 데이터와 로봇들의 속도 데이터, 로봇들을 구분시켜 주는 데이터로 이루어진다.

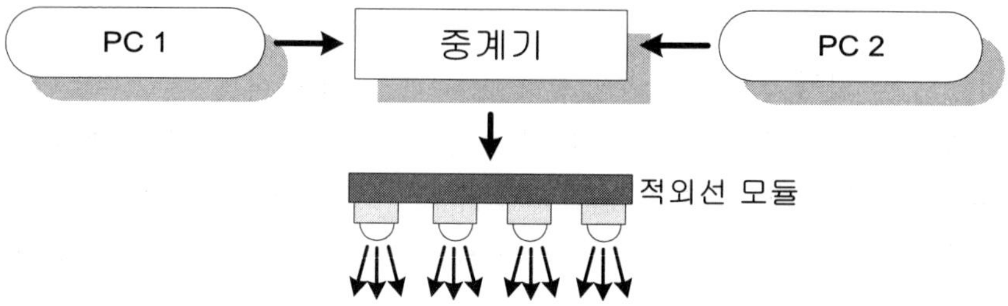

[그림 1.13] 중계기

0xFF	0xFF	0xFF	0x0F	V_{L1}	V_{R1}	0xAA	V_{L2}	V_{R2}	0xAA	V_{L3}	V_{R3}	0xAA

[그림 1.14] 데이터 패킷형식

그림 1.14에서 0xFF 0xFF 0xFF는 패킷의 시작을 알리는 데이터들이고 0x0F는 팀A를 나타내며, 상대팀인 B팀일 경우 이 데이터는 0xF0로 설정되어 있다. 속도 데이터 끝에 있는 0xAA는 수신된 데이터의 완전유무를 확인하기 위해 사용한다. 즉, 팀을 구분하는 데이터 (0x0F나 0xF0)와 모든 속도 데이터의 끝에 있는 0xAA를 검사하여 수신된 데이터 패킷의 완전성을 확인한다.

제 2 장

로봇의 구조와 기본적인 제어 방법

2.1 바퀴이동 로봇이란?

이동 로봇이란 자신의 힘으로 위치를 변화시킬 수 있는 모든 로봇을 말한다. 여기에는 곤충의 모양을 한 육각 보행 로봇이나 사람의 모양을 본뜬 이족 보행 로봇에서부터 우리가 흔히 접할 수 있는 바퀴를 이용한 이동 로봇까지 모든 형태를 포함한다. 로봇 축구 경기를 위한 로봇은 현재까지 모두가 바퀴이동 로봇이며, 다른 형태의 이동 로봇은 연구중에 있다. Muir와 Newman은 바퀴이동 로봇을 다음과 같이 정의했다.

> *바퀴이동 로봇이란 로봇에 연결되어 있는 바퀴를 이용하여 절대 위치나 각도를 변화시킬 수 있는 능력을 가진 로봇을 말한다. 여기서 바퀴란 몸체와 지면과의 상대운동을 유발시키는 도구로써 지면과 접촉하는 부분은 한 점이다.*

위의 정의는 로봇의 구조를 분석하는 데에 기준이 되는 것이다. 위의 정의에서 특이한 것은 바퀴와 지면은 한 점에서만 맞닿아 있어야 한다는 것이다. 캐터필러형 로봇처럼 지면과 닿는 면이 넓은 로봇은 이 같은 조건을 만족하지 않는다. 이런 조건은 로봇의 구조적인 모델링을 쉽게 하기 위한 것이다. 실제로도 캐터필러형 로봇은 회전할 때에 정확한 회전 중심을 구하기가 어렵다. 다음은 몇 가지 이동 로봇의 구조를 나타낸 그림이다.

이동 로봇의 구동부 구조에 따라서 로봇의 움직임 특성은 달라진다. 따라서 이동 로봇을 어디에 사용할 것인가에 따라 구조의 선택도 중요하다. 그림 2.1(a)는 흔히 소형 로봇에 이용되는 양바퀴 구동형 로봇이다.

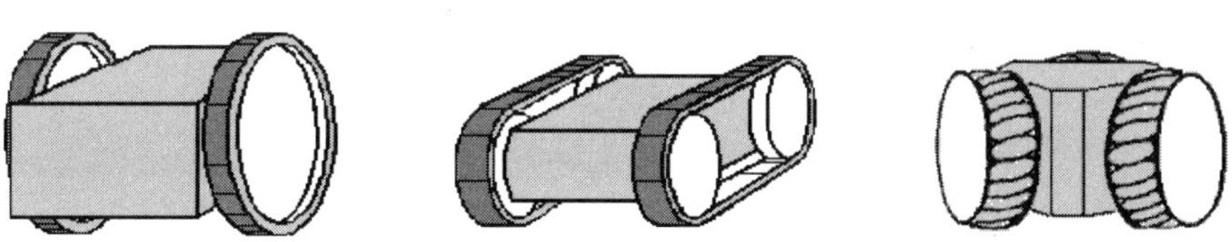

(a) 양바퀴형 구조　(b) 캐터필러형 구조　(c) 전방향형 구조

[그림 2.1] 여러 종류의 로봇 구동부 구조

이와 같은 로봇은 부드러운 회전이 가능하며 움직임의 분석도 쉽다. 하지만 지면과 접촉하는 부분이 좁아서 미끄러짐이 크다. 두 번째 그림 2.1(b)는 캐터필러형 이동 로봇이다. 이 로봇은 직진성이 좋아 직진시 매우 정확한 움직임을 보이지만, 회전할 경우 부드러운 움직임을 보이지 않고 앞서 언급한 것처럼 움직임의 분석이 정확하지 않다. 세 번째 그림 2.1(c)는 매우 독특한 형태의 이동 로봇이다. 이 로봇에 사용되는 바퀴는 흔히 볼수 있는 바퀴의 둘레에 작은 롤러들을 여러 개 달아놓은 형태이다. 따라서 보통의 로봇이 바퀴면에 수직 방향으로 움직일 수 없는 반면에 이 바퀴를 이용하면 자유로운 움직임이 가능하다. 이 로봇은 세 개의 바퀴를 적절히 회전하면 임의의 방향각에서 임의의 방향으로 움직일 수 있다. 이런 특징을 가진 로봇을 전방향 이동 로봇(omni-directional mobile robot)이라고 한다. 전방향 이동 로봇은 앞의 양바퀴 구동형 로봇이나 캐터필러형 이동 로봇에 비해서 움직임이 훨씬 자유롭지만 그 구조가 복잡해서 구현하기 어렵다. 그림 2.1(a)와 (b)의 구조는 소형 이동 로봇에 주로 이용되는 구조로 대부분의 로봇 축구팀들은 이러한 구조를 이용하고 있다. MIRO II 팀을 비롯한 팀들은 그림 2.1(a)와 같은 구조를 이용하였으며, A.I.R 팀 역시 그림 2.1(a)와 같은 구조를 이용하였다. 이외에 폭이 좁은 캐터필러를 이용함으로써, 두 종류의 구조의 장점을 취한 로봇을 제작한 팀도 있으며, 그림 2.1(c)와 같이 전방향 이동 로봇을 시도중인 팀도 있다.

2.2 로봇의 이동 원리와 바퀴의 종류

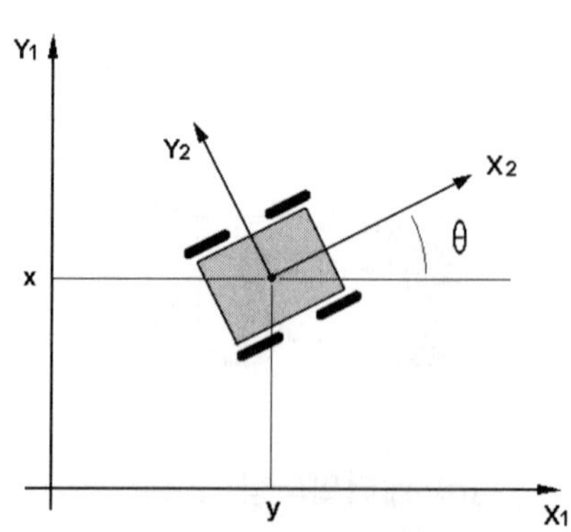

[그림 2.2] 이동 로봇의 좌표계

바퀴이동 로봇을 분류하기 위해서는 로봇의 움직임에 대한 분석이 먼저 이루어져야 한다. 그림 2.2는 로봇이 위치한 공간에서 나타나는 좌표이다.

그림 2.2에서 X_1-Y_1 좌표계는 로봇 외부에 기준점을 둔 절대좌표계이다. 그리고 X_2-Y_2 좌표계는 로봇의 중심점을 원점으로 하고 로봇이 향한 방향을 X축으로 하는 좌표계이다. 로봇의 구조를 분석하기 위해 다음과 같이 자세(posture) P를 정의할 수 있다.

$$P=\begin{pmatrix} x \\ y \\ \theta \end{pmatrix}$$

여기서, x, y는 로봇의 중심점의 좌표이고, θ는 로봇의 앞부분이 향하는 방향각이다. 위의 정의에서 알 수 있듯이 로봇의 자세는 절대 위치(x, y)와 로봇이 향한 방향각(θ)으로 이루어지며, 이 세 가지는 로봇을 이동시킬 때 맞추어야 할 값들이다. 로봇의 구조를 분석하는 것은 궁극적으로 로봇의 구동부에 적절한 출력을 가함으로써 원하는 자세를 취하게 하기 위함이다. 이와 같이 바퀴의 회전 속도와 그에 따른 자세의 관계를 나타낸 식을 기구학식이라고 한다.

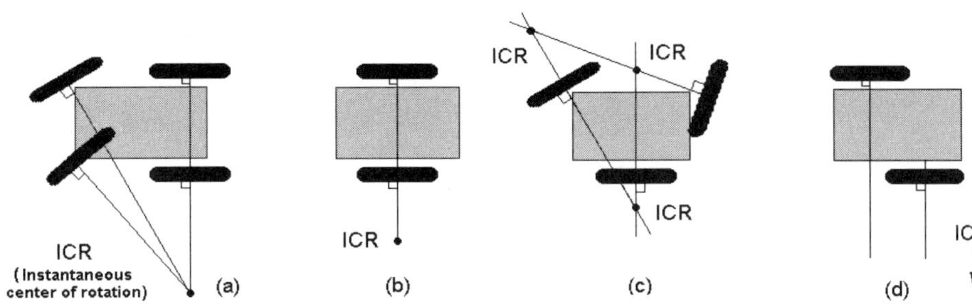

[그림 2.3] 순간회전 중심

이후에 설명할 로봇의 바퀴는 회전축이 바닥의 수직선분과 직교한다. 또한 바퀴와 바닥 사이의 접촉면에서 pure rolling과 non-slipping의 조건을 만족한다. pure rolling은 미끄러짐이 없는 굴림 운동이라는 뜻으로 바퀴 표면의 점들이 연속적으로 바닥 표면의 점들과 일대일 접촉을 할 때를 말한다. non-slipping은 나아가는 방향의 수직 성분으로 미끄러지지 않는다는 것을 말하며, 로봇은 이동 중 옆으로 미끄러지지 않는다는 것을 의미한다. 단, 예외적으로 뒤에서 설명하게 될 swedish wheel은 위와 같은 조건을 만족하지 않는다. swedish wheel은 의도적으로 바퀴면에 수직한 운동이 가능하게 만들어져 있다. 여러 개의 바퀴가 있는 로봇은 어떤 순간회전 중심을 기준으로 하여 회전 운동을 한다. 그림 2.3(a)에서처럼 바퀴의 회전축의 연장선들이 만나는 점이 순간회전 중심이 된다. 순간회전 중심은 로봇의 구조와 그 순간의 틀어진 바퀴 각도에 따라 달라진다. 만약에 순간회전 중심이 하나가 아닐 경우 로봇은 움직일 수 없게 된다.

그림 2.3(a)는 자동차 모양의 구조이다. 이 경우 로봇 진행방향의 왼쪽에 위치한 순간회전 중심을 기준으로 해서 왼쪽으로 방향을 틀게 된다. 그림 2.3(b)는 두 개의 바퀴가 나란히 위치해 있는 경우이다. 이 경우 순간회전 중심은 바퀴축에 위치한 직선 어디에나 위치할 수 있다. 그 위치는 양바퀴의 회선 속도비에 의해 결정된다. 그림 2.3(c)는 각 바퀴의 순간회전 중심이 한 곳에 모여 있지 않은 경우이다. 이런 경우 로봇은 어느 방향으로도 이동 또는 회전이 불가능하며 완전히 정지해 있다. 그림 2.3(d)는 (b)와 비슷한 구조이지만 두 회전축이 일치하지 않고 평행을 이루고 있다. 따라서 이 로봇은 무한히 먼 위치에 순간회전 중심이 있는 것과 같으며, 단지 직진만을 할 수 있는 구조이다. 로봇을 제작할 때에 공간을 절약하기 위해 (d)와 같은 구조로 만드는 경우가 있다. 이런 경우 로봇의 바퀴는 회전할 때 언제나 조금씩 미끄러지게 되고 왼쪽과 오른쪽 회전이 대칭적이지 않게 되며 정확한 분석이 어렵게 되는 문제점이 있다.

로봇의 구조를 분류하는 기준은 바퀴의 형태와 바퀴의 위치에 따라 달라진다. 바퀴의 종류는 fixed wheel, centered orientable wheel, off-centered orientable wheel, swedish wheel로 나눌 수 있다.

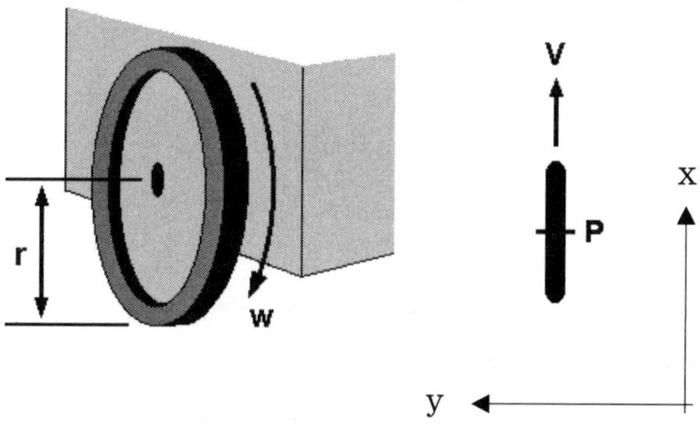

[그림 2.4] fixed wheel

그림 2.4는 fixed wheel을 나타낸 그림이다. 이 바퀴는 흔히 볼 수 있는 구조이다. 바퀴는 기본적으로 바퀴면에 수직인 y 방향으로는 이동이 불가능하다. 따라서 이 바퀴의 중심위치에서 순간 속도는 그림 2.4에서와 같이 바퀴면과 평행한 x 방향만을 가진다. 몸체와 연결된 부분인 점 p의 속도는 $V = (r \times \omega)a_x$의 값을 가진다. 여기서, r은 바퀴의 반지름, ω는 바퀴의 각속도이고, a_x는 x축 방향으로의 단위벡터이다.

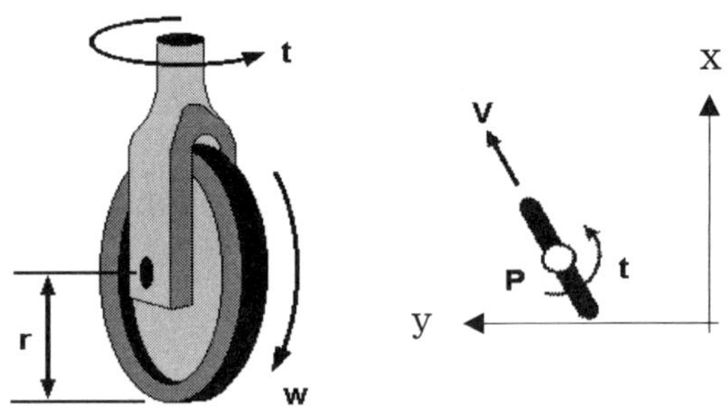

[그림 2.5] centered orientable wheel

그림 2.5는 centered orientable wheel을 나타낸 그림이다. 이 바퀴는 중심축이 회전 가능하다는 특징이 있으나, fixed wheel과 같은 성질을 가진다. 따라서 이 바퀴의 중심위치에서 순간 속도는 그림 2.5에서와 같이 바퀴면과 평행한 방향만을 가진다. 몸체와 연결된 부분인 점 p의 속도는 $V = (r \times \omega)a_n$ 이다. 여기서 r은 바퀴의 반지름, ω는 바퀴의 각속도이고, a_n은 바퀴면에 평행한 방향의 단위벡터이다. t는 조향축의 각속도이다.

fixed wheel과 centered orientable wheel은 로봇의 움직임에 제한을 주게 된다. 따라서 이러한 바퀴가 포함된 이동 로봇은 임의의 자세에서 임의의 움직임을 할 수 없다. 자동차도 fixed wheel 두 개와 centered orientable wheel 두 개로 이루어져 있다. 자동차를 주차할 때 어려움을 겪는 것도 이러한 제한점 때문이다. 그러나 이후에 설명할 두 종류의 바퀴는 이러한 제한 조건이 없다.

그림 2.6은 off-centered orientable wheel을 나타낸 그림이다. 이 바퀴는 caster wheel 이라고도 한다. 이것은 centered orientable wheel과 비슷하지만 로봇 몸체와 연결된 부분이 바퀴의 중심축과 어긋나 있다는 특징이 있다. 이 특징으로 인해 centered orientable wheel과는 전혀 다른 성질을 가진다.

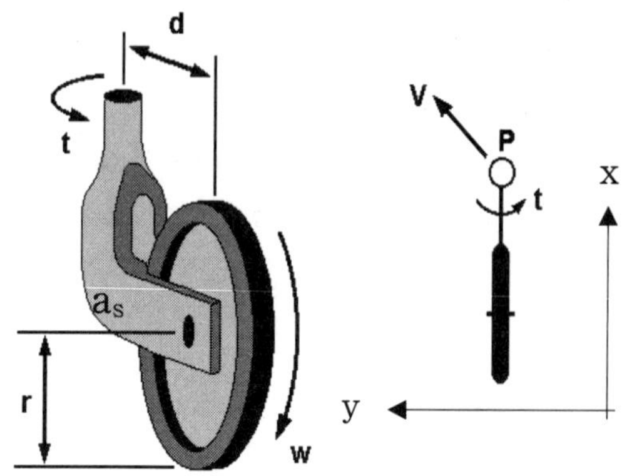

[그림 2.6] Off-centered orientable wheel

몸체와 연결된 부분인 점 p의 속도는 $V = (r\times\omega)a_x + (d\times t)a_y$ 이다. 여기서 r은 바퀴의 반지름, ω는 바퀴의 각속도이고, a_x ,a_y는 각각 x축과 y축 방향으로의 단위 벡터이다. t는 바퀴의 방향을 바꾸는 조향축의 각속도이다. 두 회전 속도 ω와 t를 조정하면, 점 P는 앞서 설명한 두 종류의 바퀴와는 달리 제한 조건이 없이 임의의 방향으로 움직임이 가능하다. off-centered orientable wheel은 흔히 이용하는 물품 운반용 카트에서 볼 수 있다. 두 개의 off-centered orientable wheel을 가지는 로봇은 완벽한 자유방향 주행을 할 수 있다. 이러한 구조의 이동 로봇의 제어 방법을 실제로 구현함으로써 일반 이동 로봇이 보일 수 없는 다양한 움직임을 보일 수 있다.

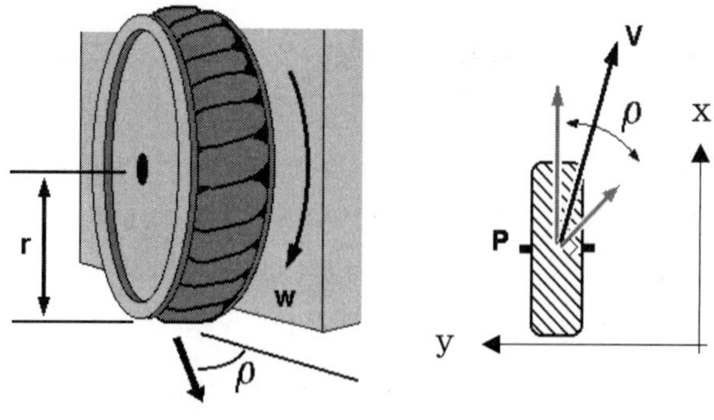

[그림 2.7] Swedish wheel

그림 2.7은 swedish wheel을 나타낸 그림이다. 이 바퀴는 fixed wheel의 둘레에 롤러를 장치함으로써 바퀴면에 수직한 방향으로도 로봇이 움직일 수 있도록 한 것이다. 바퀴에 장치된 롤러는 모터와 연결되어 있지 않으며, 단지 바퀴가 롤러 방향으로 미끄러질 수 있도록 한 것이다. 이 바퀴는 off-centered orientable wheel 처럼 속도 성분은 임의의 방향과 크기가 될 수 있다. 몸체와 연결된 부분인 점 p의 속도는 $V = (r \times \omega)a_x + Ua_s$ 이다. 여기서 r은 바퀴의 반지름, ω는 바퀴의 각속도이고, a_x는 x축 방향으로의 단위벡터이고, a_s는 롤러가 구르는 방향으로의 단위 벡터이다. U는 지면과 접촉한 롤러의 구르는 속도이다. 바퀴의 회전속도는 모터를 이용하여 조절하지만 롤러는 단지 수동적인 구름만이 가능하다. 이와 같은 바퀴 3개를 장치함으로써 자유방향 로봇을 제작할 수 있으며 그 형태는 그림 2.1의 (c)에서 보인 바와 같다.

2.3 로봇의 분류 방법

로봇은 이동성(mobility)과 조향성(steeriblity)을 이용하여 분류할 수 있다. 이동성이라는 것은 로봇이 자세를 변화시킬 때 얼마나 자유롭게 움직일 수 있는가를 나타내는 것이다. 자유롭게 움직일 수 있는 정도에 따라 0에서 3까지 이동성 등급을 정할 수 있다. 이동성 등급(degree of mobility)이 0일 경우 로봇은 그림 2.3(c)와 같이 공통된 순간회전 중심이 존재하지 않는다. 따라서 로봇은 어디로도 움직일 수 없는 구조이다. 따라서 이러한 구조의 로봇은 존재하지 않는다. 이동성 등급이 1인 경우 로봇의 순간회전 중심은 한 점으로 고정되어 있다. 그림 2.8(c)와 같은 경우 순간이동 중심은 각 바퀴의 속도에 관계없이 고정되어 있다. 따라서 로봇이 다른 순간회전 중심을 기준으로 움직이려면 바퀴의 방향을 바꾸어야 한다. 이동성 등급이 3일 경우 로봇은 완전히 자유로운 움직임을 할 수 있다는 의미이다. 따라서 이러한 로봇은 앞서 말한 off-centered orientable wheel이나 swedish wheel로만 이루어져야 한다. 그림 2.8(a)는 이동성 등급 3을 가진 자유방향 로봇이다. 등급이 2일 경우 로봇의 순간회전 중심은 달라질 수 있지만 등급이 3인 경우에 비해 제한을 받는다. 즉 순간이동 중심은 임의의 위치가 아니라 어떤 선상에만 존재하는 것이다. 그림 2.8(b)에서 순간회전 중심은 나란한 두 바퀴의 축을 연결한 선 어디에나 위치할 수 있다. 순간회전 중심은 두 바퀴의 속도차이에 따라 달라진다. 축구로봇은 대부분 그림 2.8(b)와 같은 구조를 가지고 있다.

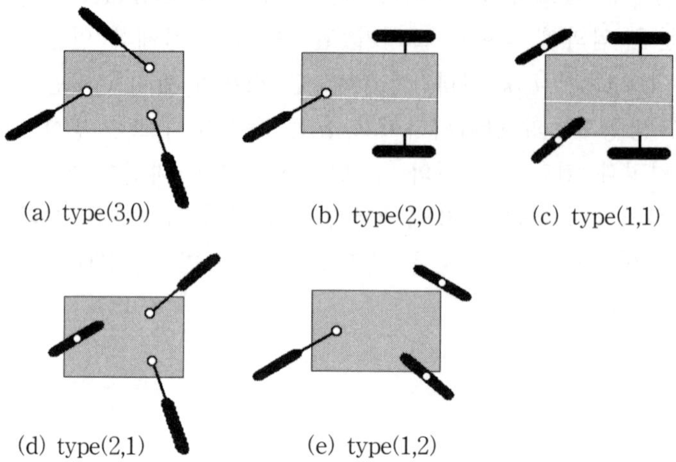

[그림 2.8] 이동 로봇의 분류

조향성은 로봇의 움직임에 제한을 주며 바퀴의 방향을 변화시켜서 움직이는 방향을 바꿀 수 있는 바퀴의 수가 몇 개인가를 말하는 것이다. 조향성 등급(degree of steerbility)은 임의로 움직일 수 있는 centered orientable wheel의 개수와 일치하며 0에서 2까지의 값을 가진다. 이러한 바퀴가 있는 로봇은 centered orientable wheel의 조향 각도에 따라 로봇의 구조적인 특성이 달라지게 되며, 뒤에서 다룰 기구학 식에 이런 바퀴의 조향각이 변수로 들어가게 된다. 그림 2.8(e)에서 centered orientable wheel의 수는 2개이고, 따라서 조향성 등급도 2가 된다. 그림 2.8(c)에는 두 개의 centered orientable wheel이 존재한다. 그러나 한 개의 centered orientable wheel만으로도 순간회전 중심이 정해지므로 다른 한 바퀴는 수동적으로 순간회전 중심이 하나로 결정되게 각도를 틀 수 밖에 없다. 따라서 조향성 등급은 1이다.

이동성과 조향성 등급으로부터 가능한 조합을 구하고, 이에 따라 로봇의 구조를 5가지로 분류하였다. 이러한 가능한 조합을 표 2.1에 나타내었다.

〈표 2.1〉 로봇의 분류

degree of mobility	3	2	2	1	1
degree of steerbility	0	0	1	1	2

이러한 로봇의 분류에서 (3, 0)형은 전방향 로봇을 말하는 것이고, 또한 (2, 0)형은 대부분의 소형 이동 로봇이 가지는 양바퀴 구동형 로봇이며 (1, 1)형 자동차의 구조를 가진 경우이다.

2.4 로봇의 기구학

앞절에서 분류한 구조에 따른 일반적인 기구학식은 다음과 같이 정리된다.

〈표 2.2〉 기구학식

type	example	equation of kinematic model
(3, 0)	(a)	$\begin{pmatrix} \dot{x} \\ \dot{y} \\ \dot{\theta} \end{pmatrix} = \begin{pmatrix} \cos\theta & -\sin\theta & 0 \\ \sin\theta & \cos\theta & 0 \\ 0 & 0 & 1 \end{pmatrix} \begin{pmatrix} \eta_1 \\ \eta_2 \\ \eta_3 \end{pmatrix}$
(2, 0)	(b)	$\begin{pmatrix} \dot{x} \\ \dot{y} \\ \dot{\theta} \end{pmatrix} = \begin{pmatrix} -\sin\theta & 0 & \cos\theta \\ 0 & 0 & 1 \\ & \begin{pmatrix} \eta_1 \\ \eta_2 \end{pmatrix} & \end{pmatrix}$
(2, 1)	(c)	$\begin{pmatrix} \dot{x} \\ \dot{y} \\ \dot{\theta} \\ \dot{\beta}_{c1} \end{pmatrix} = \begin{pmatrix} -\sin(\theta+\beta_{c1}) & 0 & 0 \\ \cos(\theta+\beta_{c1}) & 0 & 0 \\ 0 & 1 & 0 \\ 0 & 0 & 1 \end{pmatrix} \begin{pmatrix} \eta_1 \\ \eta_2 \\ \zeta_1 \end{pmatrix}$
(1, 1)	(d)	$\begin{pmatrix} \dot{x} \\ \dot{y} \\ \dot{\theta} \\ \dot{\beta}_{c3} \end{pmatrix} = \begin{pmatrix} -L\sin\theta\sin\beta_{c3} & 0 \\ L\cos\theta\sin\beta_{c3} & 0 \\ \cos\beta_{c3} & 0 \\ 0 & 1 \end{pmatrix} \begin{pmatrix} \eta_1 \\ \zeta_1 \end{pmatrix}$
(1, 2)	(e)	$\begin{pmatrix} \dot{x} \\ \dot{y} \\ \dot{\theta} \\ \dot{\beta}_{c1} \\ \dot{\beta}_{c2} \end{pmatrix} = \begin{pmatrix} -L(\sin\beta_{c1}\sin(\theta+\beta_{c2})+\sin\beta_{c2}\sin(\theta+\beta_{c1})) & 0 & 0 \\ L(\sin\beta_{c1}\cos(\theta+\beta_{c2})+\sin\beta_{c2}\cos(\theta+\beta_{c1})) & 0 & 0 \\ \cos(\beta_{c2}-\beta_{c1}) & 0 & 0 \\ 0 & 1 & 0 \\ 0 & 0 & 1 \end{pmatrix} \begin{pmatrix} \eta_1 \\ \zeta_1 \\ \zeta_2 \end{pmatrix}$

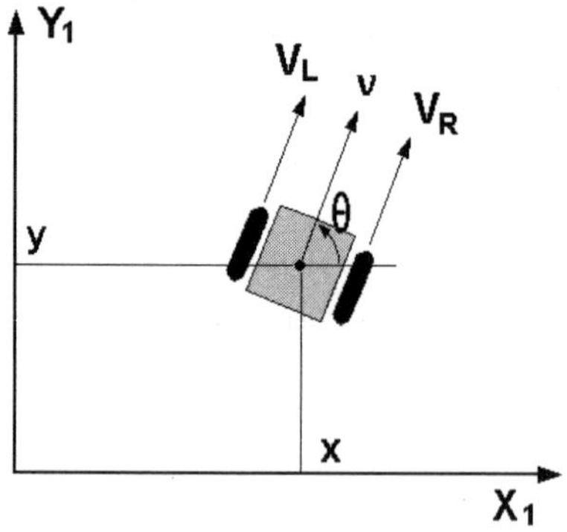

[그림 2.9] 양바퀴 구동 로봇

로봇 축구에 주로 이용되는 구조는 그림 2.9와 같은 양바퀴 구동 로봇인 (2, 0)형으로, 구조가 간단하고 비교적 이동성 등급이 높다. 양바퀴 구동 로봇의 기구학적인 모델은 그림 2.9로부터 얻을 수 있다.

왼쪽 바퀴와 오른쪽 바퀴의 각속도를 ω_L, ω_R이라고 하면 non-slipping 조건에 의해 왼쪽 바퀴와 오른쪽 바퀴의 지면과의 접촉점의 속도는 다음과 같다.

$$V_R = r\omega_R,\ V_L = r\omega_L \ (\text{단, } r\text{은 바퀴의 반지름}) \tag{2.1}$$

로봇 중심의 속도를 v, 반시계 방향으로의 로봇의 각속도를 ω라고 하면 v, ω와 로봇에 가하는 입력인 ω_L, ω_R은 다음과 같은 관계를 가진다.

$$\begin{aligned} \omega &= \frac{V_R - V_L}{L} = r\,\frac{\omega_R - \omega_L}{L} \\ v &= \frac{V_R + V_L}{2} = r\,\frac{\omega_R + \omega_L}{2} \end{aligned} \tag{2.2}$$

여기서 L 은 양바퀴 사이의 거리이다. $(x \quad y \quad \theta)^T$ 와 $(v \quad \omega)^T$ 은 다음과 같은 기구학 식에 의해 연관 관계를 가지게 된다.

$$\begin{pmatrix} \dot{x} \\ \dot{y} \\ \dot{\theta} \end{pmatrix} = \begin{pmatrix} \cos\theta & 0 \\ \sin\theta & 0 \\ 0 & 1 \end{pmatrix} \begin{pmatrix} v \\ \omega \end{pmatrix} \tag{2.3}$$

식 (2.3)을 보면 로봇에서 제어할 수 있는 구동기는 2개인데 반해 도달해야 하는 위치 및 각도의 자유도는 3이다. 따라서 현재 로봇의 자세에서 원하는 자세로 제어할 때 제한조건이 발생한다. 바닥과 바퀴의 접촉면에서 바퀴면에 수직인 방향의 속도성분은 0이라는 non-slipping 조건을 이용하면 다음과 같은 non-holonomic 제한조건을 구할 수 있다.

$$H \cdot \dot{p} = (\sin\theta \ -\cos\theta)\begin{pmatrix}\dot{x}\\ \dot{y}\end{pmatrix} = \dot{x}\sin\theta - \dot{y}\cos\theta = 0 \qquad (2.4)$$

여기서, H 는 바퀴면에 수직인 단위 벡터

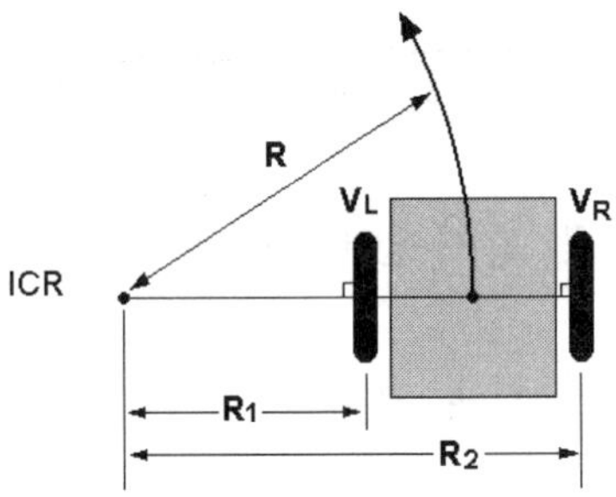

[그림 2.10] 순간회전 중심의 계산

제한조건은 식 (2.4)와 같이 되며, 이것은 $\tan\theta = \dot{y}/\dot{x}$ 와 같이 정리될 수 있다. 이것은 로봇의 순간 진행방향은 로봇이 향하고 있는 각도 θ 와 같아야 한다는 의미이다. 이와 같은 제한조건은 로봇의 이동성 등급이 3인 자유방향 로봇이 아니기 때문에 발생하는 것이다.

식 (2.4)에 나타낸 바와 같이 양 바퀴의 속도 V_L과 V_R은 그림 2.10에 표시된 순간회전 중심에서의 바퀴까지의 거리 R_1 R_2와 비례한다.

$$V_L : R_1 = V_R : R_2 \qquad (2.5)$$

식 (2.5)는 다음과 같이 정리될 수 있다.

$$V_L / \left(R - \frac{L}{2}\right) = V_R / \left(R + \frac{L}{2}\right) \qquad (2.6)$$

식 (2.6)을 정리하면 로봇의 회전 반경은 다음과 같다.

$$R = \frac{L}{2}\frac{V_R + V_L}{V_R - V_L} \tag{2.7}$$

식 (2.7)을 보면 로봇이 직진할 경우는 $R=\infty$일 경우이며 $V_R = V_L$이다. 또한 로봇이 제자리에서 회전하기 위해서는 $R=0$ 일 경우이며 $V_R = -V_L$ 일 경우이다.

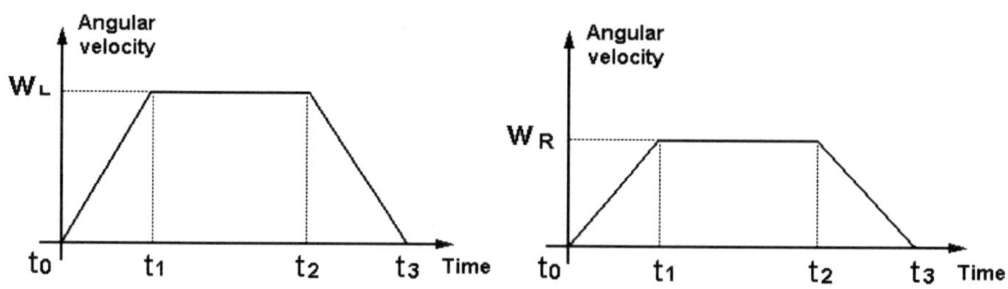

[그림 2.11] 양바퀴의 속도 profile

실제 모터의 회전은 그림 2.11과 같이 가속 및 감속 구간이 있다. 만약 양바퀴의 모터가 그림 2.12에서와 같이 양바퀴의 가속 및 감속 시간이 같다면, 로봇은 그림 2.12와 같이 원호를 그리면서 진행하게 된다. 이때의 이동 거리와 회전 반경, 회전한 각도는 식 (2.2)와 (2.6)으로부터 다음 식 (2.8)과 같이 구할 수 있다.

이동 거리 : $D = \int \frac{V_L + V_R}{2} dt = \frac{1}{2} r \frac{\omega_L + \omega_R}{2}(t_3 - t_0 + t_2 - t_1)$

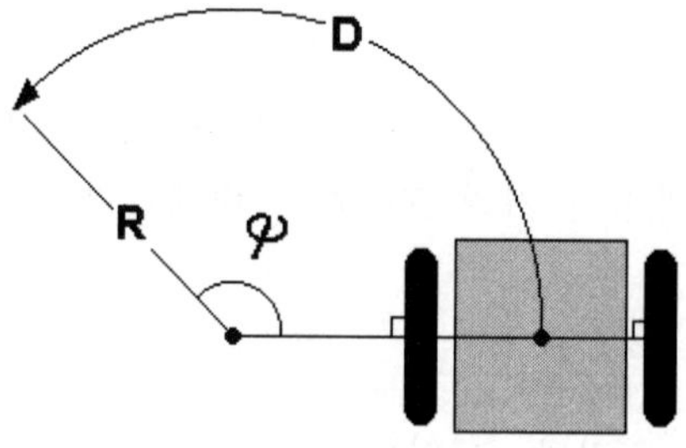

[그림 2.12] 이동 거리 및 회전 각도

$$\text{회전 반경 : } R = \frac{L}{2}\frac{V_R + V_L}{V_R - V_L} = \frac{L}{2}\frac{\omega_R + \omega_L}{\omega_R - \omega_L} \tag{2.8}$$

$$\text{회전 각도 : } \varphi = \frac{D}{R} = \frac{r}{2L}(\omega_R - \omega_L)(t_3 - t_0 + t_2 - t_1)$$

여기서 r은 바퀴의 반지름이다.

제 3 장

이동 로봇의 자세제어

3.1 이동 로봇 제어 방법

제어란 시스템에서 원하는 출력이 나오도록 입력을 조정하는 것이다. 제어 방법 중 가장 일반화되어 있는 것은 PD(Proportional-plus-Derivative) 제어이다. 여기에 추가로 적분항을 넣을 수 있는데 이는 시스템의 안정성을 높일 수 있으며 steady-state error를 줄이는 역할을 한다. PD 제어를 설명하기 위해서 그림 3.1을 살펴보자.

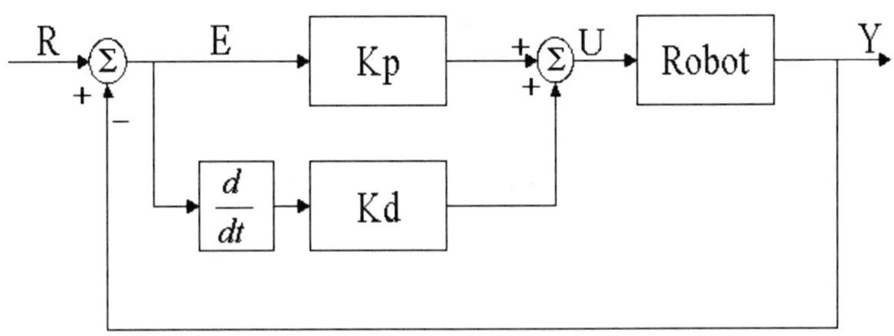

[그림 3.1] 제어 시스템

그림 3.1에서 제어목적은 로봇의 속도제어로, 로봇의 속도 출력신호를 Y, 기준입력을 R이라고 하자. 원하는 기준입력과 로봇의 출력사이의 오차를 E라고 정의한다.

$$E = R - Y \tag{3.1}$$

여기서 제어 목적은 E값을 0으로 하는 것이고, 이를 위한 제어입력 U를 구하는 것이다. 제어입력 U는 오차와 오차의 변화량에 각각 K_p와 K_d가 곱해져 이들의 합으로 구해진다. K_p와 K_d에 따른 응답특성을 그림 3.2에 나타내었다.

그림 3.2(a)는 기준입력 R이 1일 때 로봇의 출력을 나타낸 것이고, 그림 3.2(b)는 오차, 그림 (c)는 오차의 변화량을 나타낸다. 이 중 그림 (b)를 살펴보자. 시간간격이 $0 < t < t_1$일 때, 오차가 양수이므로 K_p를 곱한 만큼이 로봇에 가해져서 로봇의 모터가 양의 방향으로 빨리 움직일 것이다. 큰 값이 가해졌으므로 원하는 출력 1을 지나칠 것이다. 시간간격이 $t_1 < t < t_2$일 때, 오차가 음수가 되므로 로봇의 모터는 음의 방향으로 돌게 한다. 이는 모터의 양의 가속을 줄여서 결국은 로봇의 출력의 방향을 바꾼다. 시간간격이 $t_3 < t < t_5$일 때, 다시 오차가 양수이므로 로봇의 입력은 양수가 된다.

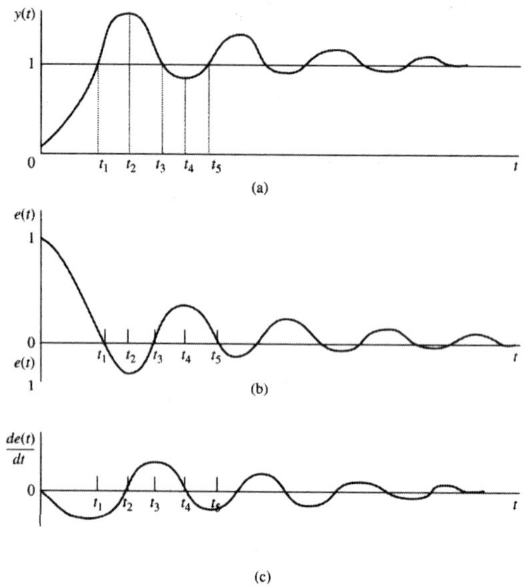

[그림 3.2] PD 제어기 응답곡선

이때 로봇이 안정하다면, 그림에서 보는 것과 같이 오차의 폭이 줄어든다. 그래서 결국은 로봇의 출력이 주어진 원하는 기준입력 R=1을 따라가게 된다. 하지만, 오차가 큰 폭으로 변하게 되는데 이것만으로는 원하는 출력을 내게 하는데 부족하다. 그림 (c)는 오차의 변화량을 나타내고 있다. 시간간격 $0 < t < t_1$일 때, 오차의 변화량은 음수가 된다. 이는 오차만으로 계산된 제어입력의 값을 줄여주는 역할을 한다. 결국, 오차와 오차의 변화량을 로봇의 제어입력으로 가함으로써 원하는 출력을 보다 부드럽고 빠르게 내게 한다.

3.2 이동 로봇의 위치제어

그림 3.3는 이동 로봇의 구조와 로봇 모델링에 관한 것이다. D는 로봇의 양쪽 바퀴 사이의 길이를 말한다. 그림 3.3(b)에서처럼 로봇 중심의 속도를 V_c라고 하고 양쪽 바

퀴의 속도를 각각 V_R, V_L이라고 하자. 그리고 로봇 중심에서 로봇의 앞쪽이 향하는 방향각을 θ_C라 하자. 전체 좌표계 X-Y에서 자세 벡터 P와 로봇의 위치를 p라고 하면 P와 p는 다음과 같이 정의된다.

$$P = \begin{bmatrix} x_c \\ y_c \\ \theta_c \end{bmatrix}, \quad p = \begin{bmatrix} x_c \\ y_c \end{bmatrix} \tag{3.2}$$

그러면 로봇 중심에서 선속도와 각속도는 다음과 같이 구해진다.

$$V_C = \frac{V_R + V_L}{2}, \quad \omega = \frac{V_R - V_L}{D} \tag{3.3}$$

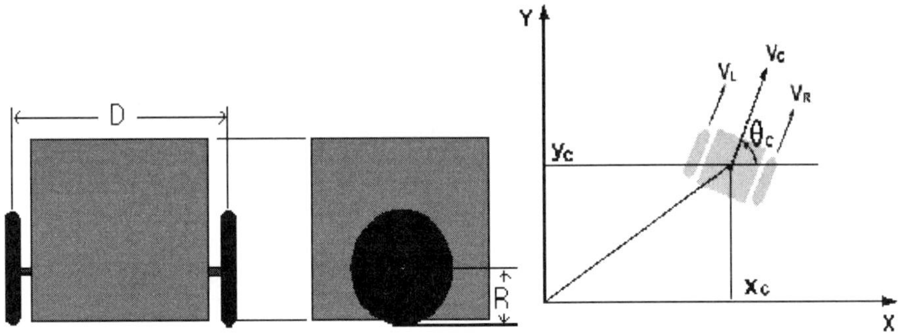

(a) Side views of the robot (b) Robot modeling

[그림 3.3] 로봇 모델링

위 식을 이용하면 로봇의 각도와 위치를 제어할 수 있다.

Position 함수는 로봇을 원하는 위치로 이동시키는 함수이다. 즉, 원하는 위치(x_d, y_d)와 현재 로봇의 위치(x_r, y_r)와의 오차를 측정하여 로봇을 원하는 위치로 이동하게 한다.

그림 3.4에서 살펴보면 원하는 위치인 목표점으로부터 로봇까지의 거리 오차는 d_e이고, 각도 오차는 θ_e로 나타내며 그 식은 다음과 같다.

$$\begin{aligned} d_e &= \sqrt{d_x^2 + d_y^2} \\ \theta_e &= \theta_d - \theta_r \end{aligned} \tag{3.4}$$

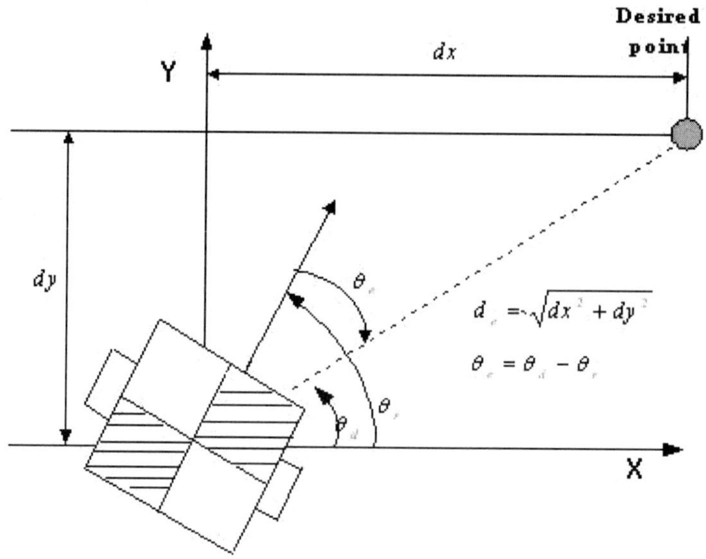

[그림 3.4] 위치제어

여기서 d_x는 x좌표에서 원하는 위치와 로봇과의 거리차이고, d_y는 y좌표에서 원하는 위치와 로봇과의 거리차이며, θ_d는 목표점과 로봇을 잇는 선의 각도이고, θ_r은 현재 로봇의 방향각이다.

이 두 오차를 줄이기 위해 로봇의 오른쪽 바퀴와 왼쪽 바퀴의 속도 입력을 간단한 비례(Proportional)제어를 사용하여 다음과 같이 구한다.

$$\begin{aligned} V_L &= K_{P_{\text{distance}}} \cdot d_e - K_{P_{\angle}} \cdot \theta_e \\ V_R &= K_{P_{\text{distance}}} \cdot d_e + K_{P_{\angle}} \cdot \theta_e \end{aligned} \tag{3.5}$$

여기서 $K_{P_{\text{distance}}}$와 $K_{P_{\angle}}$는 각각 거리오차 및 각도오차에 곱해지는 상수값이다. 더 정밀한 제어를 위해서는 위의 속도제어 입력에 거리오차와 각도오차의 시간에 대한 변화량 $\dot{d}_e$와 $\dot{\theta}_e$을 추가할 수 있다. 이를 PD(Proportional-Derivative) 제어기라 한다. 식 (3.5)에서 앞의 항인 $K_{P_{\text{distance}}} \cdot d_e$ 부분은 로봇이 원하는 위치에서 멀리 떨어져 있을수록 로봇의 중심 속도를 높이는 역할을 하며, $K_{P_{\angle}} \cdot \theta_e$ 부분은 로봇이 목표점을 향하도록 방향각을 조정하는 역할을 한다. 따라서 로봇은 목표점을 향하여 주행하며, 로봇이 목표점에 가까이 갈수록 속도가 감소하여 멈추게 된다. 하지만 실제 로봇 축구에서는 로봇은 계속 공을 차야 하므로 공에 가까워졌을 때 속도가 0이 되는 것은 피해야 한다.

다음 예제는 식 (3.4)와 (3.5)를 기준으로 만든 Position(위치) 함수 코드이다. 로봇의 x, y 좌표는 각각 robot->pos.x와 robot->pos.y에서 얻을 수 있다. 여기서 robot은 로봇을 구별하기 위한 로봇의 번호(env->home[로봇의 번호])를 나타내며, 로봇이 5대이므로 0~4까지의 값을 가진다. 로봇의 방향각은 robot->Vector3D_ Angle에서 얻을 수 있다.

```
// Simurosot code
void Position(Robot *robot, double x, double y, Environment *env)
{
        int desired_angle,theta_e, vl, vr;                 // θd, θe 변수 선언
        double dx,dy,distance_e, Kd=1.0, Ka=0.1;           //Kd = KP_distance, Ka = KP_angle

        dx = x-robot->pos.x;        // x축으로의 거리차
        dy = y-robot->pos.y;        // y축으로의 거리차

        distance_e = sqrt(dx*dx+dy*dy);                    // 원하는 위치와 로봇과의 거리차

        if(dx==0 && dy==0)  desired_angle = 90;            // dx = 0으로 나눠지는 것을 방지
                                                           // x, y 거리 오차에서 원하는 각도 구함
        else                desired_angle = (int)(180/M_PI*atan2((double)(dy),(double)(dx)));

        theta_e = desired_angle-robot->Vector3D_Angle;     // θe = θd - θr

        while(theta_e > 180)        theta_e -= 360;
                                                      // θe 를 -180° ~180° 까지 제한
        while(theta_e < -180)       theta_e += 360;

        vl = (int)(Kd*distance_e - Ka*(double)theta_e);    // 왼쪽 바퀴의 제어입력 속도
        vr = (int)(Kd*distance_e + Ka*(double)theta_e);    // 오른쪽 바퀴의 제어입력 속도
        Velocity(robot,vl,vr);                        // 계산된 속도 데이터로 Velocity 함수를 호출
}
```

앞의 예제 프로그램에서 Velocity 함수는 시뮬레이터 상에서 속도를 전달하는 함수이다.

```
void Velocity (Robot *robot, double vl, double vr) // Simurosot code
{
     robot->VelocityLeft=vl;
     robot->VelocityRight=vr;
}
```

[참 고]

모터를 구동하기 위해서 PWM(Pulse Width Modulation) 방법을 사용한다. 모터의 구동 속도는 입력 전압에 비례하게 된다. 그런데 마이크로프로세서에서 수 볼트의 전압을 직접 인가하려면, DA 변환기 등의 부가장치가 많이 필요하게 되므로 이와 같은 직접적인 전압 입력은 매우 불합리하다. 그래서 펄스폭을 변조하여 평균적인 전압이 변하게 하여 입력 전압을 만들어내는 PWM 방식이 사용되게 된다. 앞 장에서 설명한 마이크로컨트롤러의 경우 8비트로 PWM 신호를 만들어 내므로, 0 ~ 255사이의 값을 모터에 입력하는 값으로 사용한다.

모터를 양방향으로 제어해야 하므로 0 ~ 255사이의 값인 PWM 신호의 중간값인 127을 0으로 보고 127보다 크면 양의 방향, 127보다 작으면 반대 방향이라 설정한다.

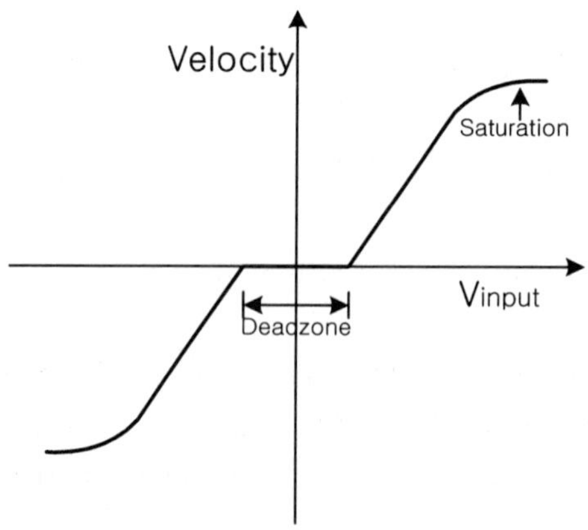

[그림 3.5] Deadzone 및 Saturation

즉, 127일 때 모터는 정지하고, 255일 때 시계방향으로 최고의 속도를 낸다면 0일 때 반시계 방향으로 최고의 속도를 낸다. 하지만 실제 모터 특성상 사구간(deadzone)과 포화영역(saturation)이 있어 이들을 고려해 주어야 모터제어를 잘 할 수 있다. 그림 3.5과 같이 모터에 사구간이라는 영역이 존재하여 PWM 신호가 127근처에서 모터는 회전하지 않는다.

그러므로, 어느 이상의 값을 주어야 모터가 회전하기 시작한다. 또한 모터의 선형 특성을 주는 영역만을 고려하기 위하여 PWM 신호의 값이 어느 정도 이상이 되면 그 크기를 제한해 준다. 이러한 모터 특성을 고려하기 위하여 Velocity 함수가 필요하다. 다음은 Velocity 함수의 코드이다. 여기서 열 개의 배열 command[i], i=0, …, 9는 PWM 데이터를 저장하는 변수이다. 이 변수는 호스트 컴퓨터에서 로봇들에게 데이터를 보내줄 때 쓰인다. deadzone과 saturation을 고려해서 앞 장의 Velocity 함수를 확장했다.

[참고 : Velocity 함수 코드]

```
void Velocity(int RobotID, int vl, int vr)
{
        if( vl < -106 )  vl = -106;     // 왼쪽 바퀴가 역방향일 때 PWM값의 최고값을 제한
        if( vr < -106 )  vr = -106;     // 오른쪽 바퀴가 역방향일 때  PWM 값의 최고값을 제한
        if( vl >= 106 )  vl = 106;      // 왼쪽 바퀴가 순방향일 때  PWM값의 최고값을 제한
        if( vr >= 106 )  vr = 106;      // 오른쪽 바퀴가 순방향일 때  PWM 값의 최고값을 제한

        if( vl >0 ) vL = 130 + vl;              // 왼쪽 바퀴가 순방향일 때 최저값을 제한
        else if(vl < 0) vL = 121 + vl;          // 왼쪽 바퀴가 역방향일 때 최저값을 제한
        else        vL = 126;

        if( vr >0 ) vR = 130 + vr;              // 오른쪽 바퀴의 경우
        else if(vr < 0) vR = 121 + vr;
        else        vR = 126;

        switch(RobotID){                        // 제어할 로봇을 선택
        case 1 :                                // 1번 로봇에 대해서
                command[4] = (BYTE)vR;
                                        // 왼쪽 바퀴의 PWM 데이터를 command 배열에 저장
                command[5] = (BYTE)vL;
```

```
                                    // 오른쪽 바퀴의 PWM 데이터를 command 배열에 저장
                break;
        case 2:                             // 2번 로봇에 대해
                command[6] = (BYTE)vR;
                command[7] = (BYTE)vL;
                break;
        case 3:                             // GOALIE 로봇에 대해
                command[8] = (BYTE)vR;
                command[9] = (BYTE)vL;
                break;
        }
}
```

다음 Simurosot code 에서 Velocity 함수를 이용하는 예시를 살펴보자.

```
(예시) // Simurosot 코드
if ( Distance < 5 )                 // 로봇과 볼의 거리가 5이하일 때
{
    robot->VelocityLeft=120;        // 왼쪽 바퀴에 대한 바퀴 출력값
    robot->VelocityRight=-120; // 오른쪽 바퀴에 대한 바퀴 출력값
} // 회전하라는 예시 함수.
```

다음은 Mirosot code에서 Velocity 함수를 응용하는 예시를 살펴보자. 위에서 설명한 Simurosot 응용 코드와 밑에서 설명할 Mirosot 응용 코드는 같은 내용이다.

```
(예시) // Mirosot 코드
if ( DistanceBallToRobot[RobotID] < 5  ) // 로봇과 볼의 거리가 5이하일 때
{
    g_nRightKickCount[RobotID]=10.0f;
                                    //오른쪽 바퀴출력을 이용하여 10.0f 시간만큼 회전하라.
} // 회전하라는 예시 함수.
```

[그림 3.6] 로봇과 공의 초기위치

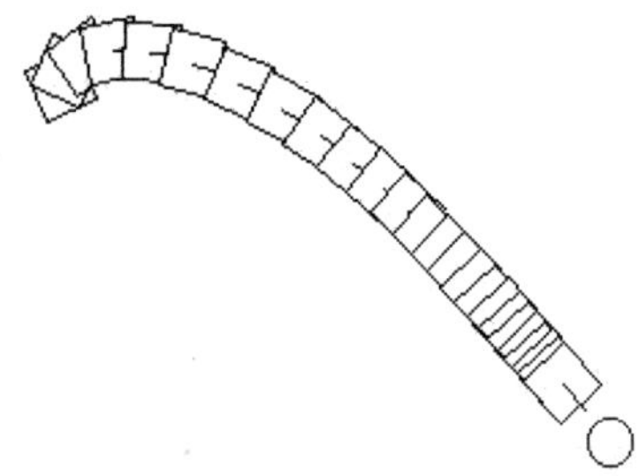

[그림 3.7] 시뮬레이션 결과

앞의 참고 velocity 함수 코드에서는 모터의 선형구간을 고려하여 제어를 위하여 쓸 수 있는 PWM 신호 최대값인 ± 127 보다 작은 ± 106까지를 사용하였고, 모터의 사구간을 피하기 위하여 모터가 순방향으로 회전하기 위해서는 130보다 크게, 역방향으로 회전하는 경우는 121보다 작게 각각 설정하였다. 여기서 v_l과 v_r은 각각 Velocity 함수에서 왼쪽 바퀴 속도와 오른쪽 바퀴 속도를 입력받기 위한 변수이고 V_L, V_R은 v_l, v_r에서 모터의 사구간 영역과 포화영역을 고려하여 실제 모터에 인가되는 PWM 값을 저장하는 변수이다. 위의 예제에서 사구간 영역은 사용되는 모터 제품에 따라 다르므로 충분한 실험을 통해서 얻어내야 한다.

식 (3.4)와 (3.5)를 사용한 앞의 예제 프로그램을 시뮬레이션해보면 그림 3.6, 3.7과 같다. 그림 3.6은 로봇의 초기 위치와 초기 각도, 공의 초기 위치를 나타내며 그림 3.7은 그림 3.6과 같은 초기위치에서 로봇을 이동시켰을 때의 경로를 나타낸다.

로봇의 앞뒤를 구분하지 않고 도착점을 향하고 있는 쪽을 앞쪽으로 결정하여 주행하면 효율적이다. 그림 3.8은 로봇의 진행방향을 선택하는 방법을 그림으로 나타낸 것이다. 그림에서 알 수 있듯이 로봇은 두 개의 화살표로 표시된 방향으로 주행이 가능하다. 이때 목표점과 로봇을 잇는 선과 두 화살표와의 각도를 비교하여 90°보다 적은 방향을 앞으로 선택하여 주행하면 더 짧은 시간 내에 목표점에 도달한다. 이렇게 함으로써 로봇이 원하는 위치로 향하는데 걸리는 시간을 단축시킬 수 있다. 그러나, 아래와 같은 코드를 그대로 이용하면 로봇이 이동하지 못하고 진동하게 되는 문제가 발생할 수 있다. 이 같은 문제는 뒤에서 다시 다루겠다.

식 (3.4)와 (3.5) 그리고 그림 3.8을 이용하여 이동 로봇의 위치제어 함수를 프로그래밍하면 다음의 예제와 같다. 로봇의 위치, 각도, 공의 위치에 관련된 변수는 앞의 예제에서와 같다.

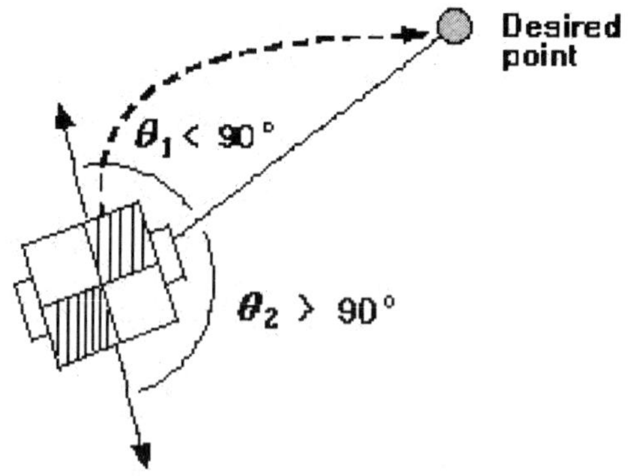

[그림 3.8] 방향 선택 조건

```
void Position( Robot *robot, double x, double y, Environment *env)
{
        int desired_angle,theta_e, vl, vr;                    // θd, θe 변수 선언
        double dx,dy,distance_e, Kd=1.0, Ka=0.1;              //Kd = K_P_distance, Ka = K_P_angle

        dx = x-robot->pos.x;            // x축으로의 거리차
        dy = y-robot->pos.y;            // y축으로의 거리차

        distance_e = sqrt(dx*dx+dy*dy);                        // 원하는 위치와 로봇과의 거리차
                                                               // 적절한 제어기 계수를 설정한다.
        if(distance_e > 100)            Kd = 1.0, Ka = 0.12;   // 거리차가 100cm 이상일 때
        else if(distance_e > 50)        Kd = 1.2, Ka = 0.125;  // 거리차가 50cm 이상일 때
        else if(distance_e > 30)        Kd = 1.4, Ka = 0.13;   // 거리차가 30cm 이상일 때
        else if(distance_e > 20)        Kd = 2.0, Ka = 0.14;   // 거리차가 20cm 이상일 때
        else if(distance_e > 10)        Kd = 3.0, Ka = 0.16;   // 거리차가 10cm 이상일 때
        else                            Kd = 5.0, Ka = 0.18;   // 거리차가 10cm 이내일 때

        if(dx==0 && dy==0)  desired_angle = 90;        // dx = 0으로 나눠지는 것을 방지
                                                       // x, y 거리 오차에서 원하는 각도 구함
        else                desired_angle = (int)(180/M_PI*atan2((double)(dy),(double)(dx)));

        theta_e = desired_angle-robot->Vector3D_Angle;   // θe = θd - θr
```

```
    while(theta_e > 180)            theta_e -= 360;
                                             // θe를 -180° ~180° 까지로 제한
    while(theta_e < -180)           theta_e += 360;

    if(theta_e < -90){                        // 로봇의 방향이 앞뒤로 바뀌는 것을 고려
            theta_e += 180;
            distance_e = -distance_e;
    }
    else if(theta_e > 90){                    // 로봇의 방향이 앞뒤로 바뀌는 것을 고려
            theta_e -= 180;
            distance_e = -distance_e;
    }
    vl = (int)(Kd*distance_e - Ka*(double)theta_e);     // 왼쪽 바퀴의 제어입력 속도
    vr = (int)(Kd*distance_e + Ka*(double)theta_e);     // 오른쪽 바퀴의 제어입력 속도
    Velocity(robot,vl,vr);                    // 계산된 속도 데이터로 Velocity 함수를 호출
}
```

위의 예제에서는 거리오차에 따라서 거리오차와 각도오차에 곱하는 계수값들을 변화시켰다. 거리오차가 작아질수록 거리오차에 곱해지는 계수는 점점 크게 하고 각도오차에 곱해지는 계수는 점점 크게 했다. 이 예제에서는 로봇이 목표점에 가까워질수록 로봇의 중심에서 속도 성분이 줄어드는 것을 방지하기 위해서 거리오차에 곱해지는 계수를 크게 한 셈이다. 그리고 로봇이 목표점에 가까워질수록 각도오차의 크기가 줄어든다고 가정하여 각도오차에 곱해지는 계수는 점점 크게 했다. 하지만 처음부터 로봇이 목표점에 가까이 있고 각도오차가 작은 경우도 있는데 이런 경우에 위의 예제는 적절하지 않다.

앞의 프로그램 예제를 시뮬레이션하면 그림 3.9, 3.10과 같다. 그림 3.9는 로봇과 공의 초기 위치를 나타낸다.

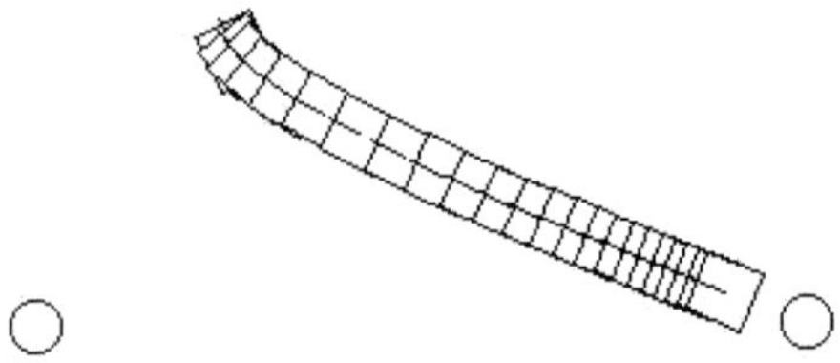

[그림 3.9] 로봇과 공의 초기 위치　[그림 3.10] 시뮬레이션 결과

그림 3.9와 3.10에서처럼 로봇이 공쪽으로 이동할 때 로봇의 뒤쪽 방향으로 공에 접근한다. 앞의 예제 프로그램은 원하는 위치로 로봇을 움직이게 하는 기본함수이다.

그러나 앞에서도 언급하였듯이 다음의 두 가지 단점이 있다. 하나는, 로봇이 원하는 위치로 접근함에 따라 로봇의 속도가 점점 줄어들어 결국 멈추게 된다. 즉, 원하는 위치가 공의 좌표일 때에는 공 근처에 도달했을 때 멈추게 된다. 또 다른 문제점은 그림 3.11에 나타내었듯이 θ_e가 90°, −90°를 기준으로 로봇의 앞뒤가 변하므로, 원하는 위치와 로봇이 이루는 각이 90°, −90°에서 흔들림 현상이 생긴다.

즉, 그림 3.11(a)는 로봇이 공쪽으로 이동하기 위해서 오른쪽으로 움직이다가 θ_e가 90°보다 커져서 왼쪽으로 진행방향을 바꾸는 경우이다. 로봇의 진행방향을 바꾸고 왼쪽으로 이동하다가 다시 θ_e가 −90°보다 작아져서 진행방향을 오른쪽으로 바꾸는 경우가 그림 3.11(b)이다. 이처럼 로봇은 공을 두고서 공 근처로 이동하기 전에 진동을 반복할 수가 있다.

이러한 문제점을 해결하기 위해서는 로봇의 앞뒤를 바꾸는 조건을 개선해야 한다. 앞의 코드에서는 θ_e의 크기가 90°를 넘는 경우 앞뒤를 변경했으나 흔들림 현상을 없애기 위해서는 이 값을 크게 하여 사용하면 된다.

이렇게 변경할 경우 그림 3.11에서처럼 로봇이 공에 수직으로 직진하여 그 각도가 90°를 넘는 경우에도 쉽게 앞뒤 변경이 일어나지 않으므로 흔들림 없이 공으로 이동할 수 있다. 뒤에 소개될 개선된 코드를 보면 앞뒤를 선택하는 조건에서 90° 대신 95°를 이용한 것을 알 수 있다.

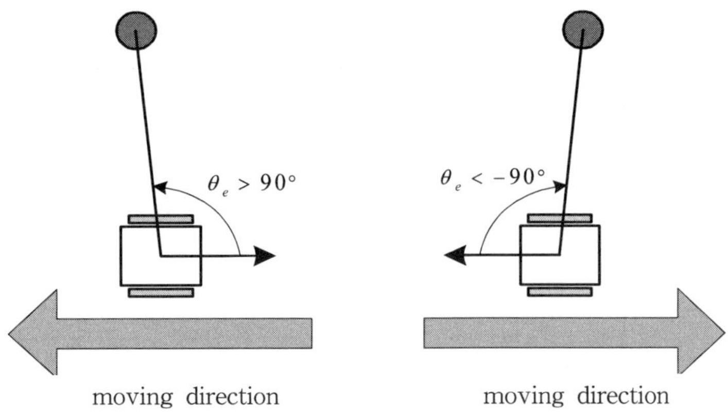

(a) 로봇이 오른쪽으로 이동하다 왼쪽으로 방향을 바꿀 때 (b) 로봇이 왼쪽으로 이동하다 오른쪽으로 방향을 바꿀 때

[그림 3.11] Position 함수의 흔들림 현상

로봇이 원하는 위치 근처에서 멈추는 문제점을 해결하기 위하여 로봇 중심의 속도를 결정하는 식 (3.5)의 $K_{P_{\text{distance}}} \cdot d_e$ 부분을 다음과 같이 개선하여야 한다.

$$V_L = v_c - K_{P_{\text{angle}}} \cdot \theta_e \\ V_R = v_c + K_{P_{\text{angle}}} \cdot \theta_e \tag{3.6}$$

이 식에서 v_c는 다음과 같이 정해진다.

$$v_c = V_{\max} \cdot \left(\frac{1+\alpha}{1+e^{-3 \cdot d_e}} - \alpha \right) \tag{3.7}$$

식 (3.7)을 이용하면 거리 d_e가 멀수록 v_c는 $V_{\max}$에 가까워지며, d_e가 0에 근접하면 $\frac{1-\alpha}{2} V_{\max}$에 가까워진다. $V_{\max}$와 α를 조정하여 목표점에서의 속도를 0보다 큰 값으로 정할 수 있다. 뒤에서 소개될 코드에서는 $V_{\max}$을 50 cm/s로, α를 0.2로 정하였다. 이와 같이 결정하면 공과의 거리가 1 cm 정도일 때 로봇의 속도는 약 40 cm/s가 되어 속도를 늦추지 않고 공을 찰 수 있다. 이 경우 거리에 따른 v_c의 그래프를 그림 3.12에 나타내었다. 그러나 이러한 값들은 설계자가 임의로 설정할 수 있다.

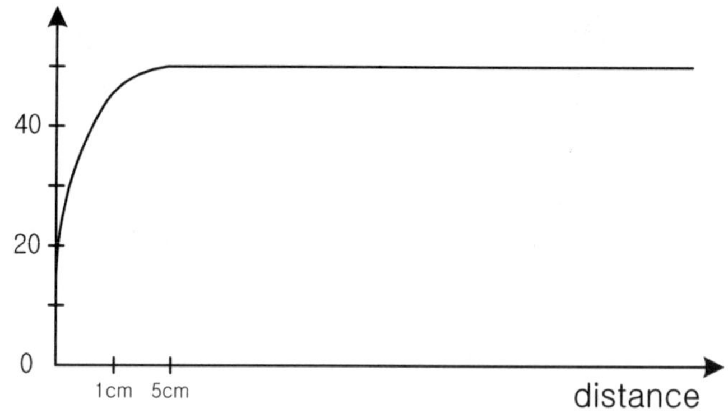

[그림 3.12] v_c의 거리에 따른 변화

다음은 위에서 언급된 점들을 고려하여 개선된 자세제어 함수이다.

```
void Position(Robot *robot, double x, double y, Environment *env)
{
        int desired_angle=0, theta_e = 0, d_angle=0, vl, vr, vc=70;
                                                    // 변수 선언, vc는 로봇 중심에서의 속도
        double dx, dy, d_e, Ka=10.0/90.0;

        dx=x-robot->pos.x;
        dy=y-robot->pos.y;

        d_e=sqrt(dx*dx+dy*dy);                      // 원하는 위치와의 거리차 측정

        if(dx==0 && dy==0)  desired_angle = 90;     // θd를 측정
        else                desired_angle = (int)(180./M_PI*atan2((double)(dy),(double)(dx)));

        theta_e = desired_angle-robot->Vector3D_Angle;   // θe = θd - θr

        while(theta_e > 180)        theta_e -= 360;      // θe 각도를 제한
        while(theta_e < -180)       theta_e += 360;

        if(d_e>100.)        Ka = 17./90.;                // 거리에 따른 각도 계수 설정
        else if(d_e > 50)   Ka = 19./90.;
```

```
    else if(d_e > 30)     Ka = 21./90.;
    else if(d_e > 20)     Ka = 23./90.;
    else                  Ka = 25./90.;

    if (theta_e > 95 || theta_e < -95) {
            theta_e += 180;                        // 로봇의 앞뒤를 바꿈
            if (theta_e>180) theta_e -= 360;

            if(theta_e>80)        theta_e = 80;    // θe의 크기를 제한
            if(theta_e<-80)       theta_e = -80;

            if(d_e<5.0 && abs(theta_e)<40)         Ka = 0.1;
                        // 거리가 가깝고 각도오차가 어느 정도 있을 때 예외 처리

            vr = (int)(-vc * ( 1.0/(1.0+exp(-3.0*d_e)) -0.3 ) + Ka*theta_e);
                        // 거리가 작아질 때 vc를 감소
            vl = (int)(-vc * ( 1.0/(1.0+exp(-3.0*d_e)) -0.3 ) - Ka*theta_e);
    }
    else if(theta_e < 85 && theta_e > -85){
            if(d_e<5.0 && abs(theta_e)<40) Ka = 0.1;
                        // 거리가 가깝고 각도오차가 어느 정도 있을 때 예외 처리

            vr = (int)( vc * ( 1.0/(1.0+exp(-3.0*d_e)) -0.3)+ Ka*theta_e);
            vl = (int)( vc * ( 1.0/(1.0+exp(-3.0*d_e)) -0.3)- Ka*theta_e);
    }
    else{
            vr = (int)(+.17*theta_e);        // 공과 로봇이 이루는 각도가 90°근처일 때
            vl = (int)(-.17*theta_e);
    }
    Velocity(robot, vl, vr);
}
```

이와 같이 하면 로봇이 공 근처에 도달해도 로봇 중심 속도 v_c가 일정하게 유지되므로 앞에서 설명한 프로그램과는 달리 로봇 중심 속도가 어느 이하 (45정도)로 감소하지 않는다. 이렇게 함으로써 로봇이 공과 멀리 있을 때는 v_c를 크게 설정하여 공 근

처로 빨리 접근하게 하고, 공과 근접함에 따라 v_c를 줄여 나감으로써 정확한 자세제어를 할 수 있게 된다. 이로써 어느 속도 이상으로 슛을 할 수 있으며 또한 슛의 정밀도를 높일 수 있다.

하지만 여기서 보여준 방법은 하나의 예제일 뿐이고 최선의 방법은 아니다. 위의 Position 함수를 사용하여 로봇이 공에서 멀리 떨어져 있을 때는 로봇 중심 속도(v_c)를 더 크게 할 수 있고, 공에 접근함에 따라 속도를 더 줄일 수 있다. 그리고 공을 슛하기 좋은 조건에 로봇이 위치하면 로봇의 중심속도를 크게 하여 로봇이 강한 슛을 하게 할 수도 있다. 또한, 설계자가 위에서 나타난 단점들을 다른 방법으로 해결할 수 있을 뿐 아니라, 프로그램에 사용된 여러 변수 값들을 설계자의 의도에 맞게 설정할 수 있다. 다음은 Position 함수를 실제 Simurosot 전략에 응용시켜본 것이다.

```
void Sweeper(Robot *robot, Environment *env) // Simurosot code
{
double Ball_x = env->currentBall.pos.x; // 볼 x좌표에 대한 변수설정
double Ball_y = env->currentBall.pos.y; // 볼 y좌표에 대한 변수설정

    if( Ball_x > FCENTERX+15.0 ) //볼의 X위치가 필드 X 중앙 +15 보다 클 경우
    {
        if ( Ball_y < FIELD_CENTER_Y ) // 볼의 Y좌표가 필드 Y 중앙보다 작을 경우
        {
                Position(robot, FLEFTX+10.0, GBOTY-5.0,100, env);
          // 로봇을 FLEFTX+10.0(X좌표), GBOTY-5.0(Y좌표), 속도 100으로 이동하라는 코드
        }
        else
        {
                Position(robot,FLEFTX+10.0, GTOPY+5.0,100,env);
          // 로봇을 FLEFTX+10.0(X좌표), GBOTY+5.0(Y좌표), 속도 100으로 이동하라는 코드
        }
    }
}
```

다음은 위의 Simurosot code와 같은 Mirosot code를 살펴본다. 경기장에 대한 필드변수와 경기장 사이즈가 다르기 때문에 증・감에 대한 숫자 범위는 약간의 차이를

보일 것이다.

```
void CKinggoDlg::Sweeper(RobotID) // Mirosot code
{
double Ball_x = g_fBall[0]; // 볼 x좌표에 대한 변수설정
double Ball_y = g_fBall[1]; // 볼 y좌표에 대한 변수설정

  if( Ball_x > FIELD_CENTER_X+15.0f ) //볼의 X위치가 필드 X 중앙 +15 보다 클 경우
  {
       if ( Ball_y < FIELD_CENTER_Y ) // 볼의 Y좌표가 필드 Y 중앙보다 작을 경우
       {
                 g_dMyRobotGoal[RobotID][0]=FIELD_GOALLINE_LEFT+10.0f;
                 // 로봇이 X좌표의 목표로 할 곳은 FIELD_GOALLINE_LEFT+10.0
                   (자신의 영역 왼쪽 골라인 보다 10.0 길이 큰 곳.)
                 g_dMyRobotGoal[RobotID][1]=FIELD_GOAL_TOP-5.0f;
                   // 로봇이 Y좌표의 목표로 할 곳은 FIELD_GOAL_TOP-5.0
                 g_dMyRobotGoalVel[RobotID] = 0.0f;
                   // 로봇이 목표지점에 오면 속도 0.0으로 출력.
       }
       else // 볼의 Y좌표가 필드 Y 중앙보다 클 경우
       {
                 g_dMyRobotGoal[RobotID][0]=FIELD_GOALLINE_LEFT+10.0f;
                 // 로봇이 X좌표의 목표로 할 곳은 FIELD_GOALLINE_LEFT+10.0
                   (자신의 영역 왼쪽 골라인 보다 10.0 길이 큰 곳.)
                 g_dMyRobotGoal[RobotID][1]=FIELD_GOAL_BOT+5.0f;
                   // 로봇이 Y좌표의 목표로 할 곳은 FIELD_GOAL_BOT+5.0
                 g_dMyRobotGoalVel[RobotID] = 0.0f;
                   // 로봇이 목표지점에 오면 속도 0.0으로 출력.
       }
  }
```

Simurosot 코드와 Mirosot 코드를 비교하면서 살펴보았다. 두 코드는 변수명과 증·감에 대한 숫자의 차이만 보일뿐 같은 소스고, 같은 동작을 하는 코드이다. Simurosot 코드에서는 Position 함수를 이용하여 로봇의 이동 코드를 나타내었지만 Mirosot에서는 Position 함수 대신 g_dMyRobotGoal[RobotID][0], g_dMyRobotGoal[RobotID][1], g_dMyRobotGoalVel[RobotID] 이 세 가지의 변수를 이용하여 나타내었다.

```
// Simurosot code
Position(robot, double x, double y, vc, env)

// Mirosot code
g_dMyRobotGoal[RobotID][0] = 로봇이 목표로 할 지점의 X좌표 ( = double x )
g_dMyRobotGoal[RobotID][1] = 로봇이 목표로 할 지점의 Y좌표 ( = double y )
g_dMyRobotGoalVel[RobotID] = 로봇이 목표지점에 도착해서 출력한 바퀴값.

< 각 코드의 파라미터 비교 >
Position 함수의 double x에 해당하는 Mirosot의 파라미터는 g_dMyRobotGoal[RobotID][0]이다.
Position 함수의 double y에 해당하는 Mirosot의 파라미터는 g_dMyRobotGoal[RobotID][1]이다.

※ vc는 0~125 사이의 속도값을 넣어주면 되고, g_dMyRobotGoalVel[RobotID]에서는 정지하고
  싶으면 0.0f를 입력하고, 만약 정지하지 않으려면 1~125사이의 값을 입력하면 된다.
```

3.3 이동 로봇의 자세제어

임의의 위치에 있는 로봇이 공을 목표점으로 차게 하는 함수에 대해서 알아보자. 공을 목표점으로 차기 위해서는 로봇의 위치뿐만 아니라 로봇의 각도도 동시에 제어를 해야 가능하다. 본 실험에서는 이동 로봇의 자세 제어를 위한 간단한 함수이름을 Shoot 함수로 정했다.

앞 절에서 살펴본 Position 함수는 로봇을 목표점으로 이동시키는 제어 함수이다. 하지만 목표점에 도달할 때 어떤 각도로 로봇이 들어갈지 알 수가 없다. 이동 로봇이 상대편 골대로 공을 차기 위하여 목표점에 도달할 때 어떤 각도로 들어가는지도 매우 중요하다. 이번 절에서는 이런 점을 보완하기 위해서 목표점에서 로봇의 도달각도까지도 제어하는 함수인 Shoot 함수에 대해서 알아본다.

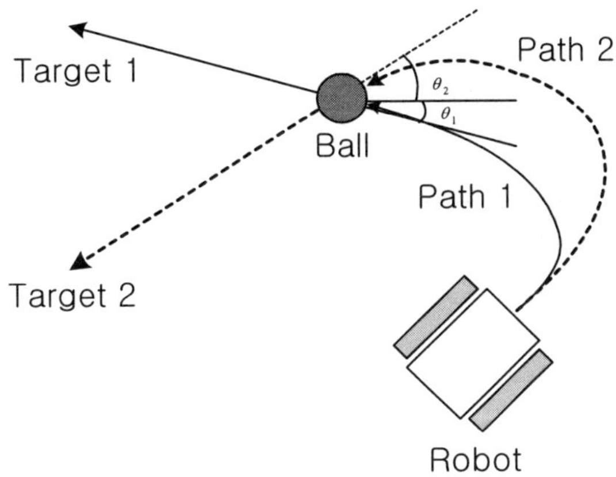

[그림 3.13] 로봇의 경로들

앞 절의 Position 함수는 로봇을 원하는 위치로 움직이게 하는 함수로, 목표점에서 로봇의 방향각은 고려되지 않았다. 즉, 로봇을 목표위치 (t_x, t_y)로 이동할 경우 목표 위치에 도달할 때의 각도는 로봇의 초기위치와 방향각에 따라 달라지며 직접 제어가 불가능하다. 그러므로 Position 함수를 이용하여 공을 찰 경우 대부분 목표위치에서의 방향각이 다르므로 공을 원하는 목표지점으로 보내지 못한다.

그림 3.13에서 살펴보면 로봇이 목표점 1(Target 1)로 공을 차기 위해서는 경로 1 (Path 1)을 따라 이동해야 하고, 목표점 2(Target 2)로 공을 차기 위해서는 경로 2 (Path 2)를 따라 움직여야 한다. 이때 로봇이 공의 위치에 도달할 때의 각도는 각각 $-\theta_1$, θ_2이다. 결국 그림 3.13에서 알 수 있듯이 로봇이 공을 원하는 목표점으로 차기 위해서는 로봇이 공의 위치로 도달할 때의 각도도 고려해야 한다.

실험 시스템에서 로봇이 공을 목표점으로 차게 하는 함수가 Shoot이다. Shoot 함수에서는 로봇이 공을 원하는 목표점으로 보내기 위한 각도를 계산하고 이에 따라 로봇의 왼쪽, 오른쪽 바퀴의 속도 입력을 계산한다.

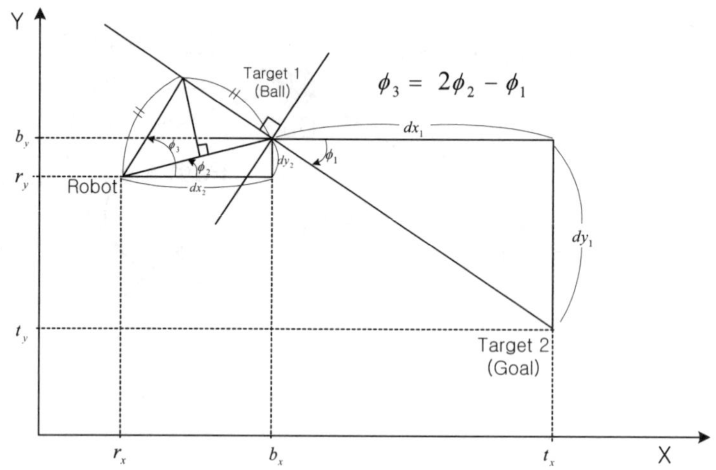

[그림 3.14] Shoot 함수에서 로봇의 각도계산

그림 3.14에서 공의 위치를 Target 1로 하고, 목표점 (Goal)을 Target 2로 하자. 로봇이 Target 1의 공을 차서 목표점인 Target 2로 보내기 위해서는 로봇의 방향이 ϕ_3의 각도로 향하고 있어야 한다. 매순간 로봇이 향해야 하는 각도는 ϕ_3로 이는 다음과 같이 계산된다. 여기서 X-Y 좌표계에서 로봇의 현재위치는 (r_x, r_y), 공의 위치는 Target 1으로 (b_x, b_y), 목표점은 Target 2는 (t_x, t_y)이다.

$$\begin{aligned} \phi_3 &= 2\phi_2 - \phi_1, \\ \phi_1 &= \tan^{-1}\left(\frac{dy_1}{dx_1}\right), \\ \phi_2 &= \tan^{-1}\left(\frac{dy_2}{dx_2}\right) \end{aligned} \tag{3.8}$$

여기서 $dx_1 = t_x - b_x$, $dy_1 = t_y - b_y$, $dx_2 = r_x - b_x$, $dy_2 = r_y - b_y$이다. 이 관계식은 그림 3.14에서 쉽게 확인할 수 있다.

로봇이 현재 위치에서 공을 X좌표의 오른쪽 방향으로 차기 위하여 따라나가야 할 방향각 ϕ_3를 식 (3.8)를 이용하여 컴퓨터 시뮬레이션으로 구해보면 그림 3.15과 같다.

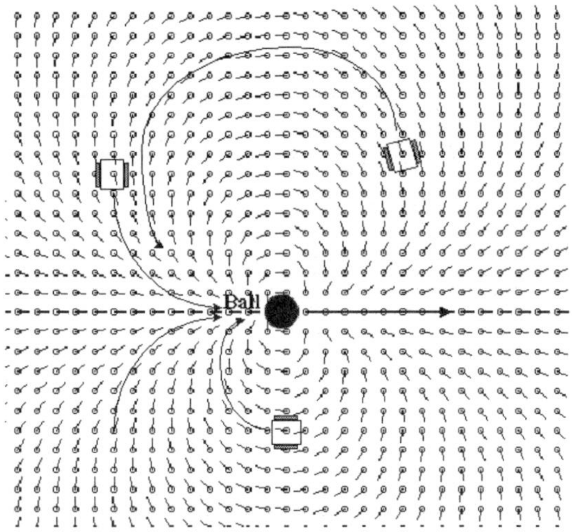

[그림 3.15] Shoot 함수의 시뮬레이션 결과

그림 3.15에서 작은 원은 로봇이 위치한 지점을 나타내고 원에 붙은 작은 선은 로봇이 위치한 곳에서 로봇이 향해야 하는 방향각을 나타낸다. 그림 3.17은 공(목표점 1)이 중앙에 위치하고 로봇이 공을 오른쪽으로 차기 위해 로봇이 향해야 할 방향각을 나타낸다.

그림 3.15과 같이 경기장내 임의의 위치에 있는 로봇이 공을 차기 위한 방향각 궤적을 구하였다. 다음은 이러한 방향각을 따라가게 하기 위한 양쪽 바퀴 속도제어 문제를 다룬다. 이를 위하여 그림 3.16에서의 관계를 실제로 경기장 위의 로봇과 공으로 그림으로 나타내었다. 그림에서는 로봇이 (r_x, r_y)에 위치했을 때 (b_x, b_y)에 위치한 공을 상대편 골대 (t_x, t_y)로 차기 위해서는 (r_x, r_y)의 위치에서 ϕ_3의 각도로 접근해야 한다. 즉, 로봇이 향해야 하는 방향각이 ϕ_3가 된다. 이때 로봇의 방향각 θ_r과의 각도오차 θ_e는 다음과 같다.

$$\theta_e = \phi_3 - \theta_r \tag{3.9}$$

여기서 θ_r은 로봇의 현재 위치에서의 방향각이다. 로봇 중심 속도 v_c를 고정했을 경우 오른쪽 바퀴와 왼쪽 바퀴의 속도 입력은 다음과 같이 구해진다.

$$\begin{aligned} v_R &= v_c + K_\angle \cdot \theta_e \\ v_L &= v_c - K_\angle \cdot \theta_e \end{aligned} \tag{3.10}$$

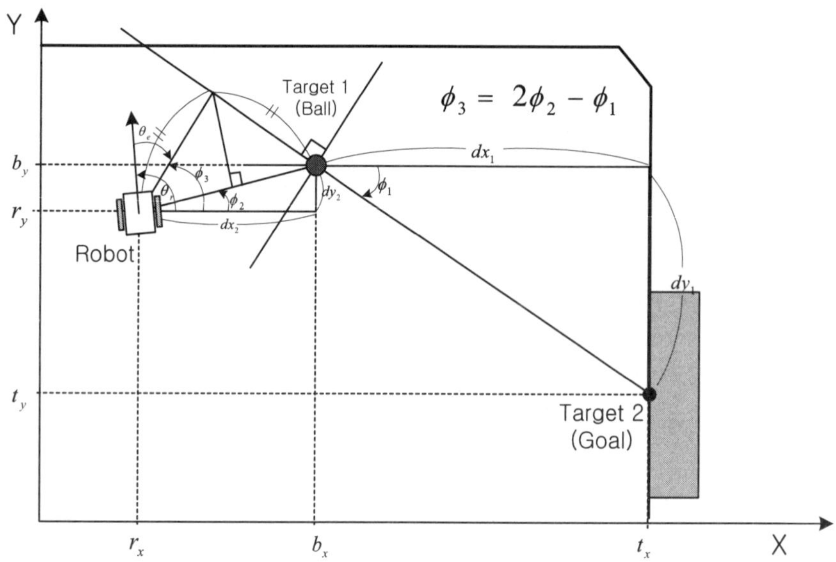

[그림 3.16] 경기자의 로봇과 공에서 구한 각도

여기서 K_{angle}은 각도오차에 대한 비례상수로 제어기 변수이다.

이상을 프로그램으로 나타낸 것이 다음의 Shoot 함수이다. 함수의 인자는 어떤 로봇을 지정하는 로봇과 공의 위치를 지정하는 b_x, b_y와 목적위치를 지정하는 t_x, t_y이다.

```
void Shoot(Robot *robot, double bx, double by, double tx, double ty, Environment *env)
{
        double dx1, dy1, dx2, dy2, Vc = 50.0, Ka = 0.22              // 변수 선언
        int a1, a2, a3, vl, vr, theta_e;

        dx1 = tx - bx;                                                // dx1 계산
        dy1 = ty - by;                                                // dy1 계산

        if(dx1 == 0 && dy1 == 0)      a1 = 90;                        // φ1 계산
        else                          a1 = (int)(180/M_PI*atan2((double)(dy1), (double)(dx1)));
                                                                      // M_PI = π
```

```
dx2 = bx - robot->pos.x;                                   // dx2 계산
dy2 = by - robot->pos.y;                                   // dy2 계산

if(dx2==0 && dy2==0)        a2 = 90;                       // φ2 계산
else                        a2 = (int)(180/M_PI*atan2((double)(dy2),(double)(dx2)));

a3 = 2*a2 - a1;                                            // φ3 계산

theta_e = a3-robot->Vector3D_Angle;                        // θe=φ3 − θr 계산

while(theta_e > 180)        theta_e -= 360;
                                             // 각도를 −180° ~180° 이내로 계산
while(theta_e < -180)       theta_e += 360;

if(theta_e < -90){                           // θe< −90° 일 때 로봇의 방향을 바꿈
        theta_e += 180;
        Vc = -Vc;
        }
else if(theta_e > 90){                       // θe> 90° 일 때 로봇의 방향을 바꿈
        theta_e -= 180;
        Vc = -Vc;
        }


if(abs(theta_e) > 50)                        // 각도오차에 따라 제어계수 변화시킴
        Ka = 0.16;                           // 각도오차가 작아짐에 따라 제어계수의
else if(abs(theta_e > 40))                              크기를 증가시킴
        Ka = 0.18;
else if(abs(theta_e > 30))
        Ka = 0.2;
else if(abs(theta_e > 20))
        Ka = 0.22;
else
        Ka = 0.24;

vl = (int)(Vc - Ka*(double)theta_e);         // 왼쪽 바퀴의 제어입력 속도
```

```
        vr = (int)(Vc + Ka*(double)theta_e);            // 오른쪽 바퀴의 제어입력 속도

        Velocity(robot,vl,vr);
}
```

그림 3.15에서도 알 수 있듯이 공이 놓여 있는 직선상에서는 로봇이 향해야 하는 방향각이 심하게 변한다. 즉, 로봇이 공을 차기 위해서 공보다 위쪽에서 접근할 때는 로봇이 향해야 하는 각은 음(-)의 각이다. 그러다가 로봇이 공보다 아래쪽에 위치하면 로봇이 향해야 하는 각은 양(+)의 각이 된다. 결국, 로봇이 먼 곳에서 공을 차기 위해 접근해오다가 공과 같은 선상에 위치하여 접근해 올 때는 위 아래로 흔들림 현상이 생긴다. 이를 그림 3.17에 나타내었다.

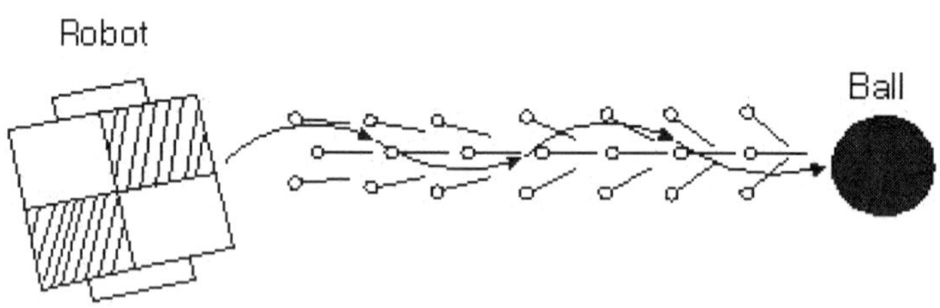

[그림 3.17] 로봇의 흔들림 현상

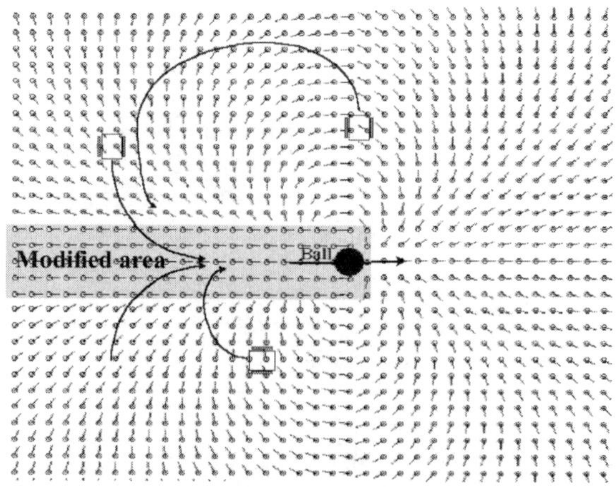

[그림 3.18] 개선된 Shoot 시뮬레이션 결과

그리고 로봇이 공보다 오른쪽에 위치했을 때 공을 차기 위해서는 커다란 호를 그리면서 공의 뒤쪽으로 움직여야 한다. 결국, 로봇이 공보다 오른쪽에 있을 때 Shoot 함수를 수행하면 필요이상의 커다란 호궤적을 그리면서 움직이므로 단점이 된다.

그림 3.18에 로봇의 흔들림 현상을 해결하기 위한 개선된 방향각을 나타내었다. 수정된 영역에서 로봇이 향해야 하는 방향각은 공쪽으로 향한다. 이렇게 함으로써 로봇이 공 근처에서 흔들림 현상을 방지할 수 있다.

지금까지 설명한 Shoot 함수들은 공의 X좌표가 로봇의 X좌표보다 클 때 적용하기에 유리하다. 로봇의 X좌표가 공의 X좌표보다 큰 경우를 살펴보면 그림 3.15와 그림 3.18에서 알 수 있듯이 무척 큰 원의 경로를 따라서 공을 차려고 한다. 그런 경우에는 로봇이 큰 원 경로를 따라서 이동하다 경기장의 벽에 막혀서 이동하지 못하는 때가 많다. 이런 경우에는 Shoot 함수를 그대로 사용하지 않고 앞에서 설명한 Position 함수를 이용하여 공 근처로 이동한 후에 Shoot 함수를 수행하는 것이 짧은 시간 내에 로봇이 공을 상대 진영으로 차게 만든다. 그러므로 공을 원하는 목표점으로 차게 하는 함수는 앞장에서 설명했던 Position 함수와 이번 절에서 설명한 Shoot 함수를 적절히 사용하여 구현할 수 있다. 또 다른 Simurosot code의 예시를 살펴보자.

```
void Shoot (Robot *robot, Environment *env)  // Simurosot code
{
        double theta_d;
        double targetX,targetY;
        static int flag;
        //Kicking direction
        // Yellow 팀 기준으로 Blue팀 쪽에 목표를 지정한다.
        theta_d=180/PI*atan2(FCENTERY-env->currentBall.pos.y,
FRIGHTX-env->currentBall.pos.x);

        if(env->currentBall.pos.x  < FLEFTX+10.0)
        {
                if(env->currentBall.pos.y< GBOTY)
                        theta_d = -90.;
                else if( env->currentBall.pos.y > GTOPY)
                        theta_d = 90.;
        }
```

```
    else if( env->currentBall.pos.x  > FLEFTX+10.0  )
    {
            if(env->currentBall.pos.y > FTOP-10 || env->currentBall.pos.y < FBOT+10 )
            {
                    theta_d  = 0.;
            }
    }
    else if( env->currentBall.pos.x < FRIGHTX-10.0 )
    {
        if(env->currentBall.pos.y > FBOT+10 && env->currentBall.pos.y< GBOTY)
                    theta_d = 90.;
        else if( env->currentBall.pos.y < FTOP-10  && env->currentBall.pos.y> GTOPY)
                    theta_d = -90.;
    }

    double dx=3.0*(double)cos(theta_d*PI/180.0);
    double dy=3.0*(double)sin(theta_d*PI/180.0);

    targetX= env->currentBall.pos.x - dx;
   targetY= env->currentBall.pos.y - dy;

    double RtoT_dx=targetX-robot->pos.x;
    double RtoT_dy=targetY-robot->pos.y;
    double RtoT_dis=sqrt(RtoT_dx*RtoT_dx + RtoT_dy*RtoT_dy);

    double BtoR_dx=env->currentBall.pos.x - robot->pos.x;
    double BtoR_dy=env->currentBall.pos.y - robot->pos.y;

    double theta_e = (double)(180. / PI * atan2((double)(BtoR_dy), (double)(BtoR_dx)));

    double BtoT_dx=env->currentBall.pos.x-FRIGHTX;
    double BtoT_dy=env->currentBall.pos.y-FCENTERY;
    double Des_v = sqrt(BtoT_dx*BtoT_dx + BtoT_dy*BtoT_dy);

    double RtoDes_dx = (Des_v)*(double)cos(theta_d*PI/180.0);
```

```
double RtoDes_dy = (Des_v)*(double)sin(theta_d*PI/180.0);

double Virtual_target_X=env->currentBall.pos.x + RtoDes_dx;
double Virtual_target_Y=env->currentBall.pos.y + RtoDes_dy;

switch(flag)
{
case 0: //S0 state
        if(RtoT_dis<2.0)
        {
                flag=1;
        }
        else
        {
                Position(robot,targetX,targetY,100,env);
        }
        break;
case 1: //S1 state
        //Rotate to the destination by using "Angle()";
        while( theta_e> 180 )
                theta_e -=360;
        while( theta_e<-180 )
                theta_e +=360;

        //Change the front with the rear
        if(theta_e>90)
                theta_e = theta_e-180;
        else if(theta_e<-90)
                theta_e = theta_e+180;

        if(fabs(theta_e)<5)
        {
                flag=2;
        }
        else
```

```
                        Angle(robot,theta_e);

                //If the robot's direction is to the destination, move to State2;
                break;
        case 2: //S2 state

                //Calculate the distance between the ball and the robot
                //Calculate the angle between the destination vector
                //and the vector from the ball to the robot
                double theta_e2 = theta_d - 180./PI*atan2(BtoR_dy,BtoR_dx);
                //Restrict the range of angle to [-180,180] Deg
                while( theta_e2> 180. )
                        theta_e2 -=360.;
                while( theta_e2<-180. )
                        theta_e2 +=360.;

                //Kick the ball by using "Position()";
                if(sqrt(BtoR_dx*BtoR_dx + BtoR_dy*BtoR_dy) < 4 )
                        Position(robot,Virtual_target_X,Virtual_target_Y,100,env);
                else if(sqrt(BtoR_dx*BtoR_dx + BtoR_dy*BtoR_dy) > 4 || fabs(theta_e2)<90.0 )
                        flag = 0;
        //      If the robot is out of the kickable region, move to State0;
                break;
        }
}
```

Mirosot code에서는 MakeVelocityMoving 함수를 호출하여 MakeVelocity-Moving 함수안에서 로봇의 가속구간과 감속구간을 측정하여 각속도와 선속도를 결정한다. 또한 로봇과 볼과의 거리, 앞·뒤를 구분하여 로봇이 어느 정도의 속도로 감속 또는 가속하여 볼에 접근하고, 상대편 골대로 슛하기 위한 적정위치로 속도를 정하여 위치를 정하고 슛을 하도록 한다.

```
void CKinggoDlg::MotionController() // Mirosot code
{
    BYTE RobotID;
    for(RobotID = 2; RobotID <= MAX_ROBOT; RobotID++)
    {
        MakeVelocityMoving(RobotID, g_byVelFlag[RobotID]);
    }
}
```

예비 문제

(1) Angle 함수는 로봇의 각도를 맞추는 함수이다. 3.2절의 Position 함수를 수정하면 쉽게 Simurosot에서 사용하는 Angle 함수를 구현할 수 있다. Angle 함수에 대해 프로그램을 작성해본다.

```
void Angle ( Robot *robot, int desired_angle) // Simurosot code
{
        int theta_e, vl, vr;
        theta_e = desired_angle - (int)robot->Vector3D_Angle;

        while (theta_e > 180)
                theta_e -= 360;
        while (theta_e < -180)
                theta_e += 360;
        if (theta_e < -90)
                theta_e += 180;
        else if (theta_e > 90)
                theta_e -= 180;

        if (abs(theta_e) > 50)
        {
                vl = (int)(-9./90.0 * (double) theta_e);
                vr = (int)(9./90.0 * (double)theta_e);
        }
```

```
		else if (abs(theta_e) > 20)
		{
				vl = (int)(-11.0/90.0 * (double)theta_e);
				vr = (int)(11.0/90.0 * (double)theta_e);
		}
		Velocity (robot, vl, vr);
}
```

(2) 3.2절에서의 Position 함수는 로봇의 중심 속도가 거의 변하지 않는다. 하지만 실제 로봇 축구에 있어서 각 상황에 따라서 로봇의 속도가 달라질 필요가 있다. 예제 프로그램에서 로봇의 중심속도를 매개변수로 하는 Position 함수로 고쳐본다.

```
void Position( Robot *robot, double x, double y,double vc, Environment *env )
{
// Position 함수를  실행할 경우 원하는 지점에서 로봇이 정지하지 않는 현상이 나타나게 된다.
// 원하는 지점에서 로봇을 정지하게 하는 명령코드를 짜는 것이 관건이다.
// double x : 원하는 지점의 x좌표
// double y : 원하는 지점의 y좌표
// double vc : 로봇의 속도 입력

		int desired_angle = 0, theta_e = 0, d_angle = 0, vl, vr; //vc는 0~125 사이로 지정.
		double dx, dy, d_e, Ka = 10.0/90.0;
		dx = x - robot->pos.x;
		dy = y - robot->pos.y;
		d_e = sqrt(dx * dx + dy * dy);

		if (dx == 0 && dy == 0)
				desired_angle = 90;
		else
				desired_angle = (int)(180. / PI * atan2((double)(dy), (double)(dx)));
				theta_e = desired_angle - (int)robot->Vector3D_Angle;

		while (theta_e > 180)
				theta_e -= 360;
		while (theta_e < -180)
```

```
            theta_e += 360;

    if (d_e > 100.)
            Ka = 17. / 90.;
    else if (d_e > 50)
            Ka = 19. / 90.;
    else if (d_e > 30)
            Ka = 21. / 90.;
    else if (d_e > 20)
            Ka = 23. / 90.;
    else
            Ka = 25. / 90.;

    if (theta_e > 95 || theta_e < -95)
    {
            theta_e += 180;
            if (theta_e > 180)
                    theta_e -= 360;
            if (theta_e > 80)
                    theta_e = 80;
            if (theta_e < -80)
                    theta_e = -80;
            if (d_e < 5.0 && abs(theta_e) < 40)
                    Ka = 0.1;
            vr = (int)(-vc * (1.0 / (1.0 + exp(-3.0 * d_e)) - 0.3) + Ka * theta_e);
            vl = (int)(-vc * (1.0 / (1.0 + exp(-3.0 * d_e)) - 0.3) - Ka * theta_e);
    }
    else if (theta_e < 85 && theta_e > -85)
    {
            if (d_e < 5.0 && abs(theta_e) < 40)
                    Ka = 0.1;
            vr = (int)( vc * (1.0 / (1.0 + exp(-3.0 * d_e)) - 0.3) + Ka * theta_e);
            vl = (int)( vc * (1.0 / (1.0 + exp(-3.0 * d_e)) - 0.3) - Ka * theta_e);
    }
    else
    {
            vr = (int)(+.17 * theta_e);
```

```
                vl = (int)(-.17 * theta_e);
        }
        ////////////////////////////////////////////////////
        // 정지코드 작성 //
        ////////////////////////////////////////////////////
        Velocity(robot, vl, vr);
}
```

(3) 3.3절의 Shoot 함수는 원의 경로를 따라서 로봇이 공을 차게끔 되어 있다. 이런 경우 로봇이 공 뒤쪽에 있는 경우 커다란 원을 그리면서 공을 차게 되므로 효율적이지 못하다. 이를 해결하기 위해 3.2절에서 다루었던 Position 함수를 이용하여 로봇이 공 뒤쪽에 있을 때 공 앞쪽으로 이동하고 그리고 나서 Shoot 함수를 이용하면 이런 단점을 극복할 수 있다. Position 함수와 Shoot 함수를 이용하여 새로운 Shoot 함수를 프로그램으로 구현해본다.

```
void shooting_test( Robot *robot, Environment *env) // Simurosot code
{
    double Ball_x = env->currentBall.pos.x;
    double Ball_y = env->currentBall.pos.y;
    double Robot_x = robot->pos.x;
    double Robot_y = robot->pos.y;
    // 노란색팀 기준 //
    if ( Ball_x < Robot_x )
    {
      if(Ball_y > Robot_y )
                Position(robot,Ball_x-5,Ball_y-2,100,env);
      else // Ball_y < Robot_y
                Position(robot,Ball_x-5,Ball_y+2,100,env);
      }
      else // Ball_x > Robot_x
          //Position(robot,Ball_x,Ball_y,100,env);
        Shoot(robot,env);
          // 볼이 로봇앞에 있을 땐 Position 함수를 이용하거나 Shoot 함수를 이용하면
             된다.
}
```

```
void CKinggoDlg::shooting_test(int RobotID) // Mirosot code
{
    double Ball_x = g_fBall[0];
    double Ball_y = g_fBall[1];

    if ( Ball_x < g_dMyRobot[0] )
    {
      if(Ball_y > g_dMyRobot[1] )
       {
              g_dMyRobotGoal[RobotID][0] = Ball_x-7.0f;
            g_dMyRobotGoal[RobotID][1] = Ball_y-5.0f;
            g_dMyRobotGoalVel[RobotID] = 0.0f;
       }
      else // Ball_y < Robot_y
       {
              g_dMyRobotGoal[RobotID][0] = Ball_x-7.0f;
            g_dMyRobotGoal[RobotID][1] = Ball_y+5.0f;
            g_dMyRobotGoalVel[RobotID] = 0.0f;
    }
    else // Ball_x > Robot_x
    {
          g_dMyRobotGoal[RobotID][0] = Ball_x;
        g_dMyRobotGoal[RobotID][1] = Ball_y;
        g_dMyRobotGoalVel[RobotID] = 100.0f;
    }
}
```

실기 문제

(1) 예비 문제 (1)에서 작성한 Angle 함수 프로그램을 적용해 본다. 이때 로봇의 방향각은 공쪽을 향해야 한다. 즉, 공이 경기장 위에 있으면 로봇은 공쪽으로 방향을 틀어야 하며 공이 움직임에 따라 로봇의 방향각은 공쪽을 향해야 한다. 각도에 대한 계수를 변화시켜 보고 그 결과에 대해서 설명해본다.

(2) 위의 (1)에서 완성한 Angle 함수와 3.2절에서 설명한 Position 함수를 이용하여

로봇이 공 뒤 10 cm(x 좌표오차)로 이동한 후 거리 오차의 크기가 2 cm 이내일 때는 로봇의 방향각을 Y 좌표와 평행하게 유지하는 프로그램을 완성하고 테스트해본다.

(3) 예비 문제 (2)에서 작성한 로봇의 중심 속도를 함수의 매개변수로 하는 Position 함수 프로그램을 적용해 본다.

(4) 로봇 축구에서는 상황에 따라서 로봇의 중심속도가 변화할 필요가 있다. 위의 (3)에서 작성한 Position 함수를 이용하여 아래의 조건에서 로봇의 중심속도를 변화시키는 Gain_Position 함수를 완성하고 실험해본다. 단, 아래의 조건은 번호가 작을수록 우선 순위가 있다. 즉, 조건이 겹치는 경우에는 번호가 작은 것이 우선시 되어야 한다.

(i) 각도오차의 크기가 $10°$ 이내이고 거리오차의 크기가 30cm 이내일 때 : $v_c = 100$

(ii) 각도오차의 크기가 $50°$ 이상이고 거리오차의 크기가 80cm 이상일 때 : $v_c = 90$

(iii) 각도오차의 크기가 $50°$ 이내이고 거리오차의 크기가 40cm 이내일 때 : $v_c = 70$

(iv) 각도오차의 크기가 $40°$ 이내이고 거리오차의 크기가 40cm 이상일 때 : $v_c = 85$

(v) 나머지 조건일 때 : $v_c = 60$

(5) 예비 문제 (4)에서 작성한 프로그램을 적용해본다. 로봇이 공 뒤쪽에 있을 때 Position 함수를 이용하여 로봇을 공 앞쪽으로 이동시키는데 이동시키는 도중에 공과 충돌하는 경우가 생긴다. 이를 해결하기 위한 프로그램을 완성하고 테스트해본다.

제 4 장

로봇 축구 시뮬레이터 시작하기

이번 장에서는 2001년 FIRA 로봇 축구 대회부터 사용된 로봇 축구 시뮬레이터에 대해서 설명한다. 우선 시뮬레이터의 목적과 구조에 대해서 설명하고, 기본적인 규칙, 조작법에 대해서 언급한다. 마지막으로 설명한 프로그램을 이용해서 어떻게 전략을 만드는지에 대해서 설명한다. 여기에서 설명한 프로그램은 인터넷상(www.fira.net)에 공개됐으며, 독자는 이를 다운로드해서 이용할 수 있다.

4.1 시뮬레이터의 목적

로봇 축구 중의 시뮬레이션 경기(줄여서 Simurosot)는 다개체 시스템으로써의 로봇 축구를 시험할 수 있는 틀을 제공한다. 실제 로봇 축구 시스템을 구성하기 위해서는 비전 시스템, 통신 시스템, 로봇 설계 등의 많은 노력과 자금이 필요하다. 또한 실제 시스템을 이용해서 실험을 할 경우에도 수시로 고장나는 로봇을 수리해야 하고, 배터리를 계속 충전해야 하므로 이러한 실제 시스템을 이용해서 로봇 축구 전략을 만들기에는 어려운 점이 많다. 본 장에서 설명할 시뮬레이터는 이러한 점들을 극복하고, 누구나 쉽게 로봇 축구를 접할 수 있게 한다. 실제 로봇 축구 시스템은 전략뿐만 아니라 로봇이나 비전 시스템의 성능에 크게 좌우될 뿐만 아니라 경기 당시의 비전 세팅 정도 등 경기 외적인 요소도 상당히 작용한다. 하지만, 시뮬레이션의 경우에는 이러한 요수들을 배제한 체 오로지 전략과 알고리즘에만 좌우되므로, 설명할 시뮬레이터는 로봇 축구의 전략을 연구하는데 중요한 요소라고 할 수 있다.
Simurosot의 목적은 다음과 같다.

(a) 기본적인 제어 알고리즘과 로봇 축구 전력을 개발할 수 있는 틀이 된다.
(b) 같은 시뮬레이터틀 안에서 시합을 해서 우열을 가린다.
(c) 분산 다개체 시스템의 연구 분야로 활용될 수 있다.

4.2 시뮬레이터의 구성

그림 4.1은 Simurosot(5vs5)의 기본 구성을 나타낸다.

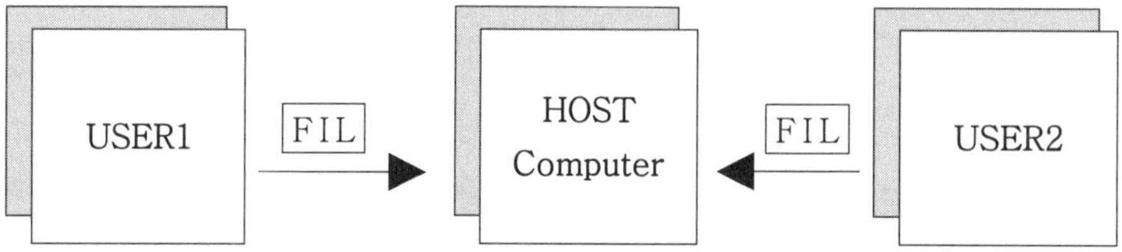

[그림 4.1] Simurosot 플랫폼 구성(5vs5)

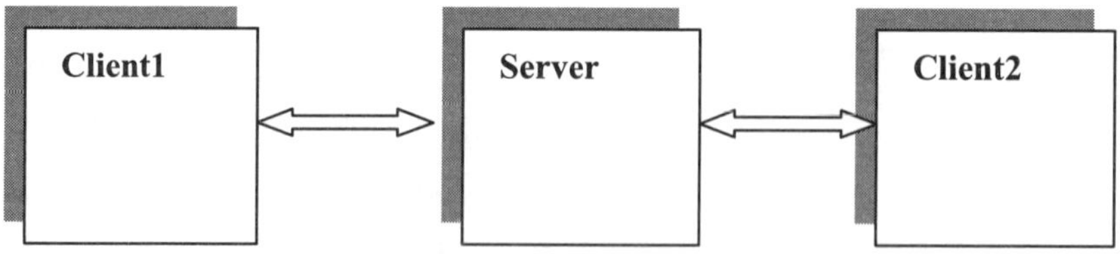

[그림 4.2] Simurosot 플랫폼 구성(11vs11)

Simurosot 플랫폼은 크게 두 가지로 나뉜다. 하나의 HOST Computer는 가상의 경기장과 공, 그리고 로봇을 제공한다. 각 USER는 하나의 팀(Blue/Yellow 팀)을 선택할 수 있으며, 자기팀 다섯대 (혹은 11대)의 로봇을 제어할 수 있다. HOST Computer 내에는 경기장의 상황에 따라 로봇이 어떻게 움직여야 하는지의 프로그램이 내장된다.

4.3 시뮬레이터의 시스템 환경

4.3.1 Simurosot 경기의 하드웨어 (5 vs 5)

- CPU : P4 1 GHz 이상
- RAM : 512MB 이상
- VGA : (메모리) 512MB 이상

4.3.2 Simurosot 경기의 하드웨어 (11 vs 11)

- CPU : P4 1 GHz 이상
- RAM : 512MB 이상
- VGA : (메모리) 512MB 이상
- 3대의 컴퓨터가 사용되며, 한 대는 서버로 사용되고, 다른 두 대는 클라이언트로 사용된다.
- 세 대의 컴퓨터는 이더넷을 통하여 연결된다.

4.3.3 Simurosot 경기의 소프트웨어

- VC++6.0를 사용하여 컴파일되고, 윈도우 XP 체제하에서 운영될 수 있다.
- 그림 4.3은 Simurosot 경기의 골격이다.

Macromedia Director Shockwave Studio를 이용한 인터페이스로 구성되어 있고, Visual C++ 를 이용한 알고리즘 구성이 가능하다. 경기장, 로봇, 공을 시뮬레이션화한 컴퓨터 그래픽을 사용한다. 로봇과 공의 움직임을 시뮬레이션화한 정역학과 동역학을 사용한다. 우선, 각 팀의 경기 전략을 client 프로그램에 입력하고, UDP/IP protocol을 사용하는 서버에 clients를 링크시킨다. 두 번째로, 경기 준비를 한다. 준비는 각 팀의 로봇이 위치를 잡는 것과 시스템의 시작 준비를 포함한다.

Simulation 테스트는 세 대의 컴퓨터(P4-1GHz 이상, 512MB 이상)를 사용하며, 한 대는 서버로, 다른 두 대는 클라이언트(client)로 사용된다. 3대의 컴퓨터는 이더넷(ethernet)을 통하여 연결된다(11vs11). 하지만 5대 5 경기 에서는 3대의 컴퓨터가 필요 없이 서버 컴퓨터 한 대로 user가 컴파일된 dll 파일을 서버에 저장한 다음 서버에서 시뮬레이터 프로그램을 실행시킨 후에 양쪽의 컴파일된 dll 파일을 호출하여 동작된다.

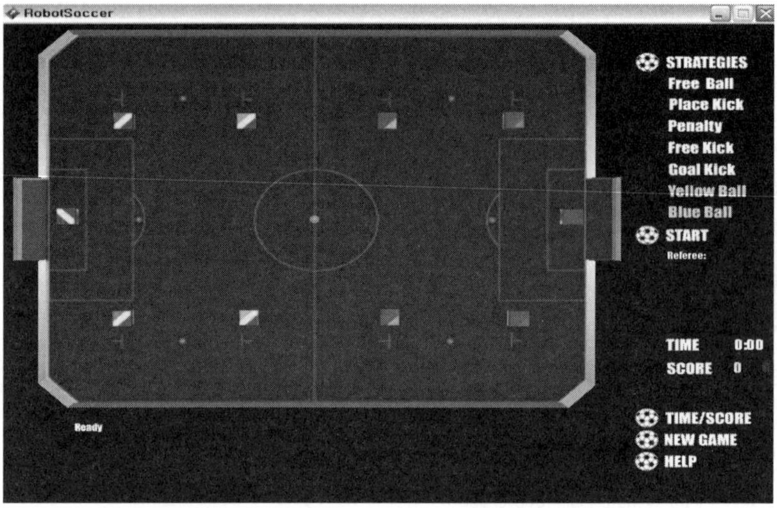

[그림 4.3] Simurosot 프로그램(5vs5)

4.4 서버와 클라이언트의 구조

다음의 그림 4.4는 서버와 클라이언트의 구조를 나타낸다.

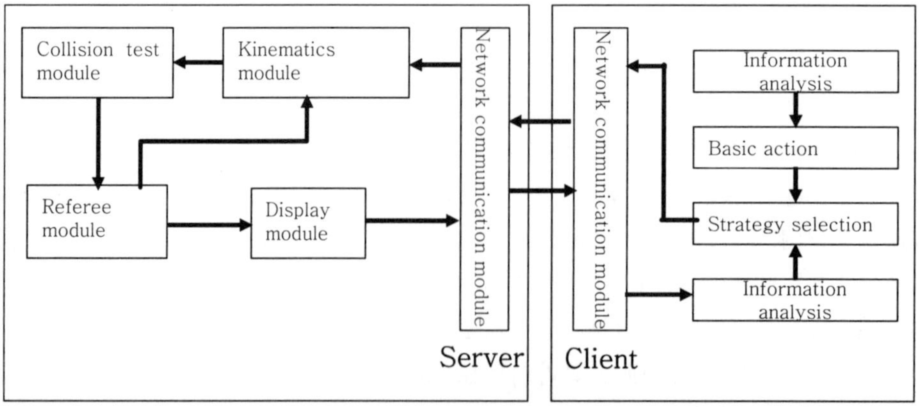

[그림 4.4] 서버와 클라이언트의 구조(11vs11)

그림 4.4에서 서버와 클라이언트가 하는 일을 정리하면 다음과 같다.

4.4.1 Host Computer

Host Computer는 다음을 제공한다.

a) 경기장, 로봇, 공을 포함한 가상의 환경을 제공한다.
b) 가상의 비전 정보를 제공한다.
c) 로봇과 공의 운동학 모델을 제공한다.
d) 로봇과 로봇 사이, 로봇과 경기장벽, 로봇과 공, 공과 벽 사이의 충돌 모델을 제공한다.
e) 클라이언트에게 경기장의 정보를 제공하고, 로봇과 공의 위치와 각도 등의 정보를 업데이트한다.
f) 클라이언트로부터 제어 명령을 받는다.
g) 로봇과 공을 수동으로 움직이고, 경기를 시작하거나 중지하는 등의 콘솔 조작을 제공하고, 경기결과와 시간을 제공한다.

서버는 크게 다섯 개의 모듈로 이루어지며, 각 모듈은 다음과 같다.

① 네트워크 통신 모듈 (network communication module)은 클라이언트에게 경기장에 대한 정보를 제공하고, 로봇과 공의 위치, 각도 정보를 모니터링한다. 또한 클라이언트로부터 제어 명령을 받는다.
② 운동학 모듈 (kinematics module)은 로봇과 공의 운동학 모델을 제공한다.
③ 충돌 검사 모듈 (collision test module)은 로봇들 사이, 로봇과 경기장벽, 로봇과 공, 공과 벽 사이의 충돌에 대해서 검사하고, 결과를 유도해낸다.
④ 주심 모듈 (referee module)은 주심이 파울을 선언할 때 로봇과 공의 위치를 자동적으로 결정한다.
⑤ 화면 모듈 (display module)은 경기장과 로봇, 공에 대한 가상 비전 정보를 제공한다.

4.4.2 클라이언트

클라이언트는 다음을 제공한다.

a) 경기장의 상황에 대한 정보를 서버로부터 받는다.
b) 경기장의 상황에 따라 전략을 선택하고, 선택한 전략에 따라 로봇을 제어한다.
c) 각 로봇을 제어하는 제어 명령을 서버에게 전달한다.

클라이언트는 크게 다섯 개의 모듈로 이루어지며, 각 모듈은 다음과 같다.

① 네트웍 통신 모듈 (network communication module)은 서버로부터 경기장에 대한 정보를 제공받고, 로봇과 공의 위치, 각도 정보를 받는다. 또한 서버에게 제어명령을 보낸다.
② 정보 분석 모듈 (information analysis module)은 서버로부터 받은 정보를 분석한다.
③ 전략 선택 모듈 (strategy selection module)은 경기장의 상황에 따라 적절한 전략을 선택한다.
④ 기본 행동 모듈 (basic action module)은 선택된 전략에 따라 기본적인 행동을 선택한다.
⑤ 정보 조합 모듈 (information combine module)은 서버로 보내는 로봇 바퀴 속도명령을 만든다.

4.4.3 공의 운동학 모델

외부의 영향이 없다면, 공의 움직임은 바닥과의 마찰을 고려하는 직선이며, 다음과 같이 표현될 수 있다.

$$\begin{cases} V_t = V_t + \alpha \Delta t \\ X_t = X_{t-1} + V_{t-1} \Delta t \cos\theta_{t-1} \\ Y_t = Y_{t-1} + V_{t-1} \Delta t \sin\theta_{t-1} \end{cases} \tag{4.1}$$

V_t, X_t 와 Y_t는 시간 t 에서 공의 상태를 나타내며, X_{t-1} , Y_{t-1}와 V_{t-1}는 시간 $t\text{-}1$에서 공의 상태를 나타낸다. V 는 공의 속도이며, 는 X공의 x축 좌표이고, Y는 공의 y축 좌표이다. α는 마찰에 의한 가속도 상수이며, Δt는 시간 변화량이

고, θ는 공의 위치이다.

4.4.4 로봇의 운동학 모델

로봇은 두 개의 모터를 이용해서 동작한다. 그러므로 두 바퀴의 속도는 로봇의 방향과 속도를 결정한다. 다음과 같은 식으로 표현 가능하다.

$$\left\{\begin{array}{l} R = \dfrac{L(V_M + V_m)}{2(V_M - V_m)} \\ \omega = \left|\dfrac{V_M}{R + \dfrac{L}{2}}\right| \\ \nu = \omega R \\ \beta = \omega T \end{array}\right\} \tag{4.2}$$

$$\left\{\begin{array}{l} X_t = R\sin\beta\cos(\alpha_{t-1} + \dfrac{\beta}{2}) + X_{t-1} \\ Y_t = R\sin\beta\sin(\alpha_{t-1} + \dfrac{\beta}{2}) + Y_{t-1} \\ \alpha_t = \alpha_{t-1} + \beta \end{array}\right\} \tag{4.3}$$

여기서, L은 로봇의 폭이며, V_M 은 두 바퀴의 속도 중 큰 값이고, V_m 은 두 바퀴의 속도 중 작은 값이다. ω는 로봇의 각속도이며, ν는 로봇의 속도이고 T는 시간간격, β는 한 시간 동안에 회전한 각도이다. α_t, X_t, 와 Y_t 는 시간 t 에서 로봇의 상태를 나타나며, X_{t-1} , Y_{t-1} 와 α_{t-1}는 시간 t-1 에서 로봇의 상태를 나타낸다. X는 로봇의 x축 좌표이고, Y는 로봇의 y축 좌표이다. α는 로봇의 방향이다.

4.5 시뮬레이터의 사용법

먼저 http://www.fira.net/soccer/Simurosot/overview.html 에 접속하여 프로그램을 다운받는다(그림 4.5, 4.6 참조).

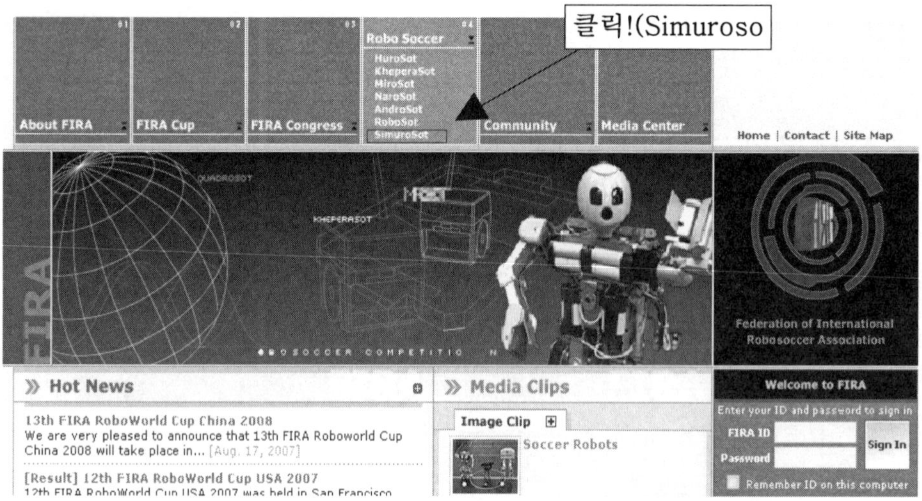

[그림 4.5] 웹 화면

http://www.fira.net 에 접속하여 Robo Soccer 카테고리에서 Simurosot 을 클릭한다. 그 다음 하단부분에 Middle League Simurosot Program (version 4.5) - February 4, 2003 이 부분을 클릭하여 프로그램을 다운받는다([그림 4.6] 참고).

[그림 4.6] 프로그램다운 웹 화면

C:\Program Files\Robot Soccer v4.5a\Strategy Source\Strategy.dsw 를 더블클릭한다(프로그램 작성). 컴파일을 한 후 C:\Program Files\Robot Soccer v4.5a\Strategy Source\Debug 폴더에 보면 그림 4.7처럼 Strategy.dll 파일이 생성된 것을 볼 수 있다.

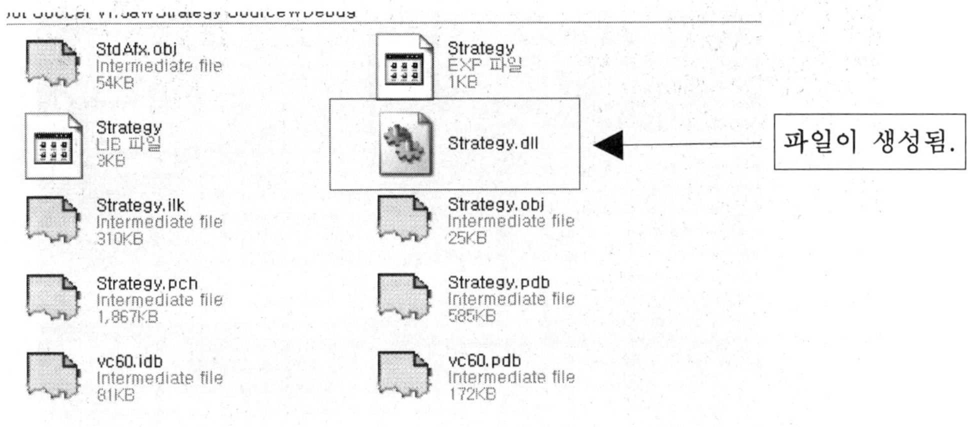

[그림 4.7] 폴더에 생성된 dll 파일

이 파일을 복사하여 C:\Strategy\blue(or yellow) 에 붙여넣기 해준다.

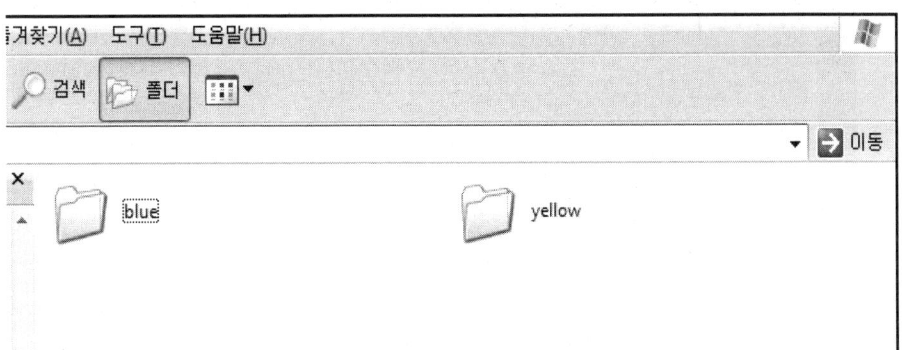

[그림 4.8] blue or yellow 폴더

다음에 시뮬레이터 프로그램을 실행시키면 그림 4.7과 같이 화면이 실행된다.

STRATEGIES를 클릭하여 LINGO로 되어 있는 부분을 클릭하여(①) C++로 바꾸어주고 BLUE/YELLOW 밑에 사용자가 파일을 복사한 dll 파일의 이름을 넣어준다(②). (예를 들면, strategy.dll이면 확장명을 제외하고 strategy 파일이름만을 넣어준다.)

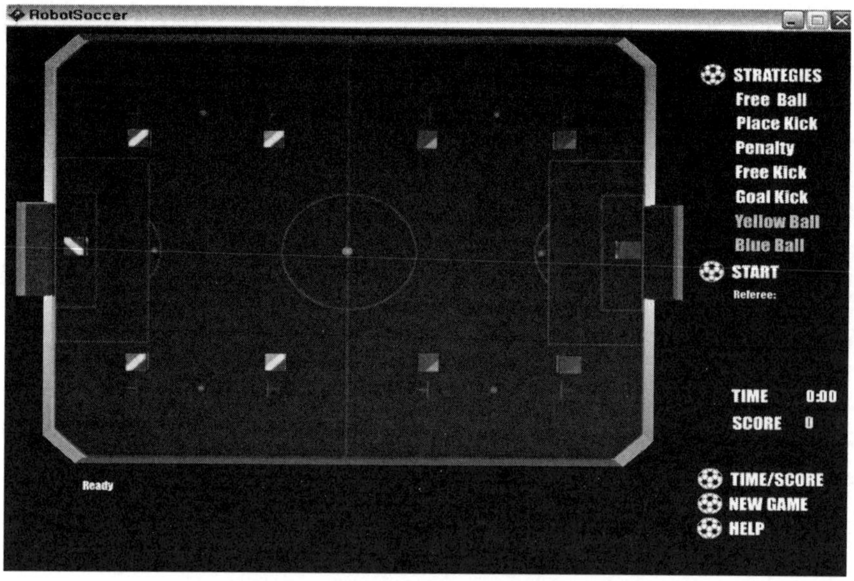

[그림 4.9] 시뮬레이터 실행화면

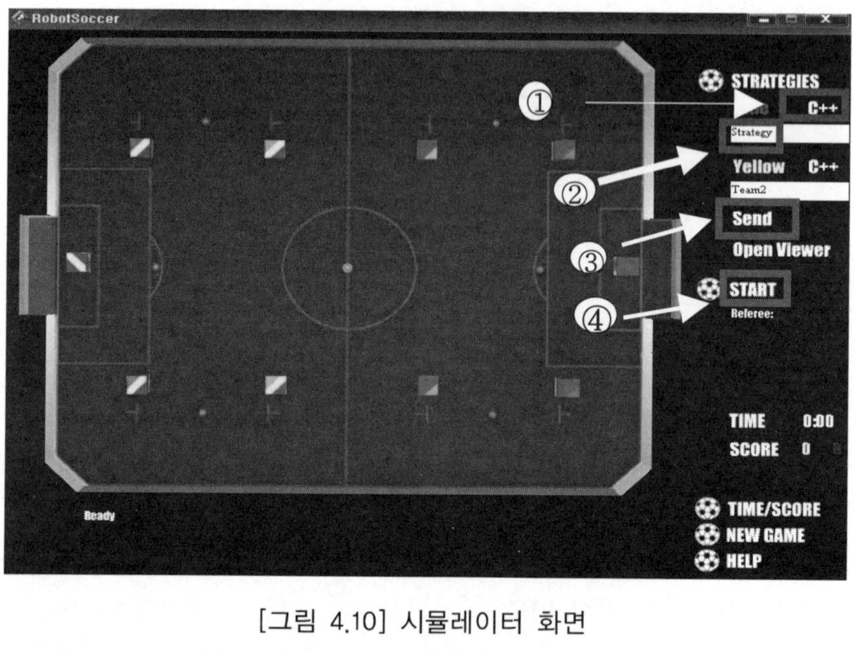

[그림 4.10] 시뮬레이터 화면

파일이름까지 넣어주면 밑에 부분에 SEND 버튼(③)을 클릭한다.

만약 KICK OFF(Place Kick)/ Free Ball/ Penalty/ Free Kick(사용되지 않음)/Goal Kick 상황이라면 위의 절차 후에 해당되는 상황 버튼을 클릭하면 된다. 그

리고 START 버튼(④)를 클릭하게 되면 게임이 시작된다. 예를 들면 Free Ball 상황일 때 그림 4.11을 참고하자.

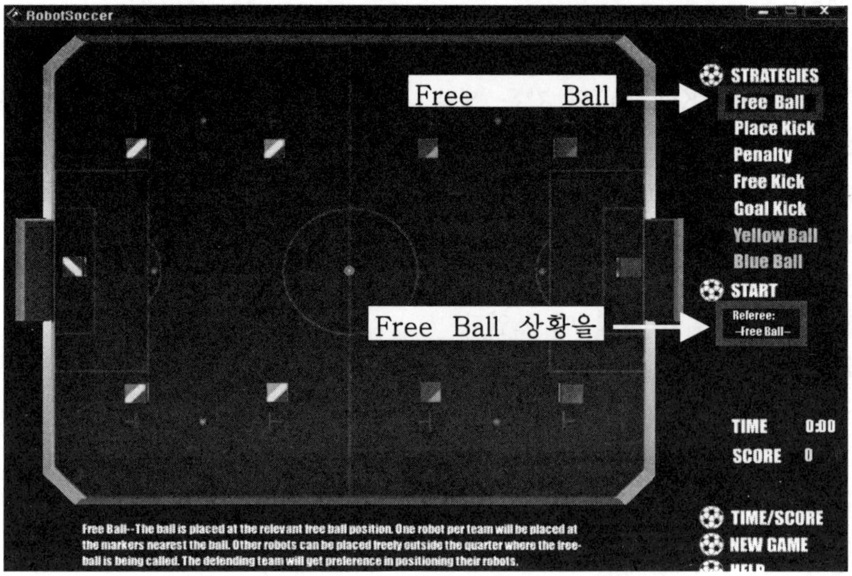

[그림 4.11] Free Ball 상황일 때

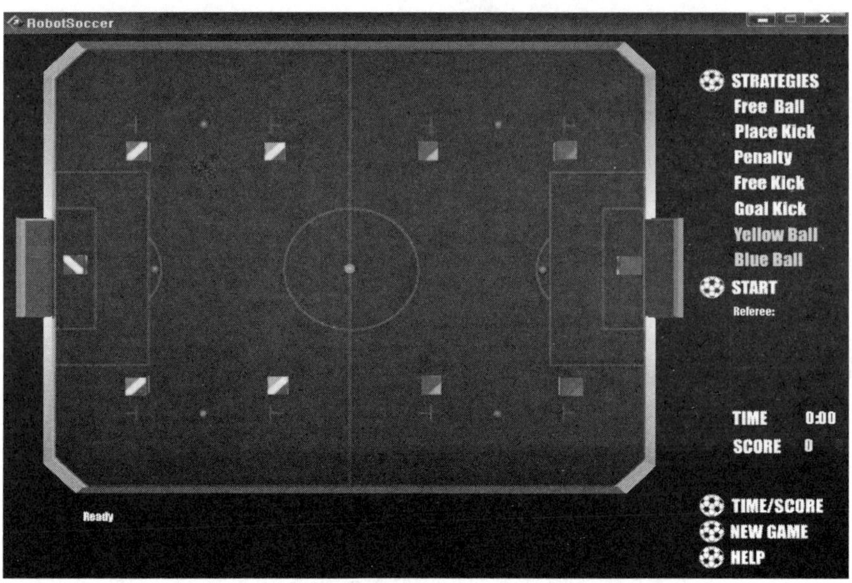

[그림 4.12] 시뮬레이터 화면

■ 시뮬레이터에 있는 버튼 설명

① STRATEGIES : 컴파일된 dll 파일 이름을 입력하는 곳(LINGO->C++ 바꾸길 권장)
② Free Ball : 볼이 10초 동안 교착상태에 있는 상황일 때 클릭한다.
③ Place Kick : Kick Off와 같은 상황. 처음 시작할 때 클릭하고 시작한다.
④ Penalty : 패널티 상황일 때 클릭하고 게임한다.
⑤ Free Kick : 프리킥 상황일 때(현재 국내, 국외 대회에서 사용되지 않음)
⑥ Goal Kick : 골킥 상황일 때
⑦ Yellow Ball/ Blue Ball : Place Kick, Penalty, Goal Kick 인 상황에서 볼을 가지고 게임할 팀을 정할 때 쓰인다.
⑧ TIME : 게임시간을 나타냄(시간 버그가 있기 때문에 대회에선 Stop Watch로 대신함)
⑨ SCORE : 현재 득점 상황을 알려준다.
⑩ TIME/SCORE : 시간조정과 득점을 수정할 수 있다.
⑪ NEW GAME : 새로운 게임이 시작(모든 상황이 초기화됨.)
⑫ HELP : 상황에 대한 설명이 하단 중간부분에 나타난다.

게임이 시작된 후에 PAUSE 버튼을 누르거나 게임 START 버튼을 누르기 전에 로봇을 마우스로 한번 클릭한 후에 방향키로(← →) 로봇의 각을 맘대로 변화시킬 수 있다. 또한 마우스로 로봇을 클릭한 후 끌게 되면 로봇의 위치를 조정할 수 있다(볼 역시 같다).

4.6 Position 함수

다음과 같은 Position 함수를 시뮬레이터에서 동작시켜 보자.

```
void Position( Robot *robot, double x, double y,double vc, Environment *env )
{ // Position 함수를 그대로 실행할 경우 원하는 지점에서 로봇이 정지하지 않는 현상이 나타나게 된다.
// 원하는 지점에서 로봇을 정지하게 하는 명령코드를 짜는 것이 관건이다.
int desired_angle = 0, theta_e = 0, d_angle = 0, vl, vr; //vc는 0~125 사이로 지정.
```

```
double dx, dy, d_e, Ka = 10.0/90.0;
dx = x - robot->pos.x;
dy = y - robot->pos.y;

d_e = sqrt(dx * dx + dy * dy);

if (dx == 0 && dy == 0)
        desired_angle = 90;
else
desired_angle = (int)(180. / PI * atan2((double)(dy), (double)(dx)));
theta_e = desired_angle - (int)robot->Vector3D_Angle;

while (theta_e > 180)
        theta_e -= 360;
while (theta_e < -180)
        theta_e += 360;

if (d_e > 100.)
        Ka = 17. / 90.;
else if (d_e > 50)
        Ka = 19. / 90.;
else if (d_e > 30)
        Ka = 21. / 90.;
else if (d_e > 20)
        Ka = 23. / 90.;
else
        Ka = 25. / 90.;

if (theta_e > 95 || theta_e < -95)
{
        theta_e += 180;
          if (theta_e > 180)
        theta_e -= 360;
```

```
                    if (theta_e > 80)
                  theta_e = 80;
                  if (theta_e < -80)
                          theta_e = -80;
                    if (d_e < 5.0 && abs(theta_e) < 40)
                          Ka = 0.1;
        vr = (int)(-vc * (1.0 / (1.0 + exp(-3.0 * d_e)) - 0.3) + Ka * theta_e);
        vl = (int)(-vc * (1.0 / (1.0 + exp(-3.0 * d_e)) - 0.3) - Ka * theta_e);
        }

        else if (theta_e < 85 && theta_e > -85)
        {
                if (d_e < 5.0 && abs(theta_e) < 40)
                          Ka = 0.1;
        vr = (int)( vc * (1.0 / (1.0 + exp(-3.0 * d_e)) - 0.3) + Ka * theta_e);
        vl = (int)( vc * (1.0 / (1.0 + exp(-3.0 * d_e)) - 0.3) - Ka * theta_e);
        }

        else
        {
                vr = (int)(+.17 * theta_e);
                vl = (int)(-.17 * theta_e);
        }
        ////////////////////////////////////////////////////////////
        //로봇을 정지하기 위한 코드 작성이 필요.//
        ////////////////////////////////////////////////////////////
        Velocity(robot, vl, vr);
}
```

4.7 Angle 함수

다음과 같은 Angel 함수를 시뮬레이터에서 동작시켜 보자.

```
void Angle ( Robot *robot, int desired_angle) // 원하는 각도로 회전.
{
        int theta_e, vl, vr;
        theta_e = desired_angle - (int)robot->Vector3D_Angle;

        while (theta_e > 180)
                theta_e -= 360;
        while (theta_e < -180)
                theta_e += 360;
if (theta_e < -90)
                theta_e += 180;

        else if (theta_e > 90)
                theta_e -= 180;

        if (abs(theta_e) > 50)
        {
                vl = (int)(-9./90.0 * (double) theta_e);
                vr = (int)(9./90.0 * (double)theta_e);
        }
        else if (abs(theta_e) > 20)
        {
                vl = (int)(-11.0/90.0 * (double)theta_e);
                vr = (int)(11.0/90.0 * (double)theta_e);
        }

        else if (abs(theta_e) > 10)
        {
                vl = (int)(-13.0/90.0 * (double)theta_e);
                vr = (int)(13.0/90.0 * (double)theta_e);
        }
        Velocity (robot, vl, vr);

}
```

4.8 시뮬레이터 Rule

4.8.1 Game Time

Simurosot 게임은 전반전, 후반전 각각 5분씩 경기를 한다. 중간 휴식은 10분이고, 전·후반 통하여 2분의 작전타임을 두 번 갖게 될 것이다.

4.8.2 Players

자신의 골 지역 안에 있는 로봇이 골기퍼로 간주된다. (만약 어떤 로봇이 골 지역 50% 이상 위치에 있으면 심판에 의해 그 로봇이 골기퍼로 간주됨).

4.8.3 Game Commencement

게임이 시작되기 전에 동전(심판에 어떤 것이 될 수도 있다.)으로 공격과 수비를 정하고 Blue/Yellow인지 결정한다. 공격권을 가진 팀은 중앙원 안에 두 대의 로봇이 자유로이 위치할 수 있게 된다(단, 한 대의 로봇은 자신의 지역으로 바라보게 위치를 하고 있어야 한다). 공격권을 가진 팀이 로봇을 위치시킨 후에 수비권을 가진 팀이 중안원 밖 자신의 지역에서 로봇을 자유로이 배치할 수 있게 된다. 게임이 시작된 후에 공격권을 가진 팀은 자신의 지역을 바라보고 있는 로봇이 자신의 지역으로 볼을 패스해야 한다. 그리고 공격이 시작되어야 한다. 만약 다른 로봇이 먼저 공을 건드리게 되면 다시 처음위치에서 경기를 시작하게 되는데 이러한 현상이 두 번 이어질 경우 공격권은 상대방팀에게 넘어간다.

4.8.4 End of the Game

게임이 끝나게 되면 각 팀은 저장된 dll 파일을 지워야 한다. 그리고 다음 경기를 위해 프로그램에 방해가 되는 어떠한 트릭이나 파일을 저장할 수 없다.

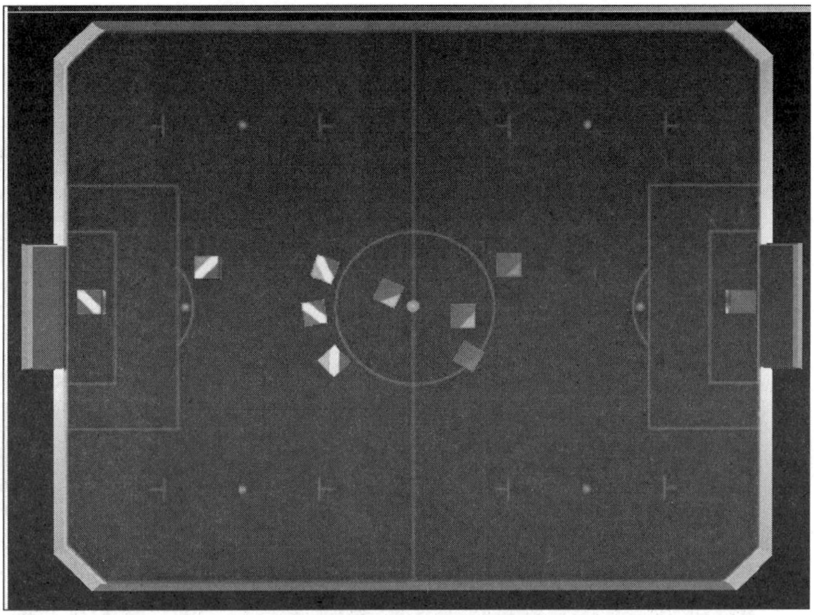

[그림 4.13] Place Kick 상황

4.8.5 Fouls for Penalty-Kick

① 자기팀 골지역 안에 수비하는 로봇이 2대 이상 머물러 있을 경우(단, 어느 정도 시간차에 의해)심판에 의해 패널티킥이 선언된다(골라인안 50% 이상 로봇이 위치해 있을 경우 심판에 의해 그 로봇은 골기퍼로 선언된다.). 수비로봇이 수비 목적이 아닌 그 지역을 경유해서 지나치는 것이라면 패널티킥 상황에 상관없다.

② 패널티지역 안에 3대 이상 수비로봇이 머물러 있을 경우 패널티킥으로 인정된다(골기퍼포함 4대 이상이고, 골기퍼제외하고 3대이상이다)(그림 4.14). (만약 로봇이 라인선에 있다면 로봇이 라인을 50% 이상 넘었을 경우를 지역에 머물러 있다고 정의한다.)

③ 심판의 허락없이 게임을 일시정지하여 로봇이나 볼의 위치를 바꿀 수 없다.

④ 패널티킥 상황에서는 킥하는 로봇과 골기퍼를 제외하고 모두 중앙성 밖에 위치해야 한다. 킥하는 로봇은 볼 뒤에 위치해야 하며, 숏을 하거나 드리볼을 할 수 있다. 페널티킥 상황동안에 골기퍼의 위치는 골라인에 맞닿아 있어야 한다. 수비팀이 먼저 로봇을 배치하고 나서 공격팀이 로봇을 배치한다(킥 로봇, 골기퍼 포함, 그림 4.16 참고).

⑤ 골기퍼가 골지역 안에 있는 볼을 10초동안 쳐내지 못하면 패널티 상황이 주어진다(그림 4.16 참고).

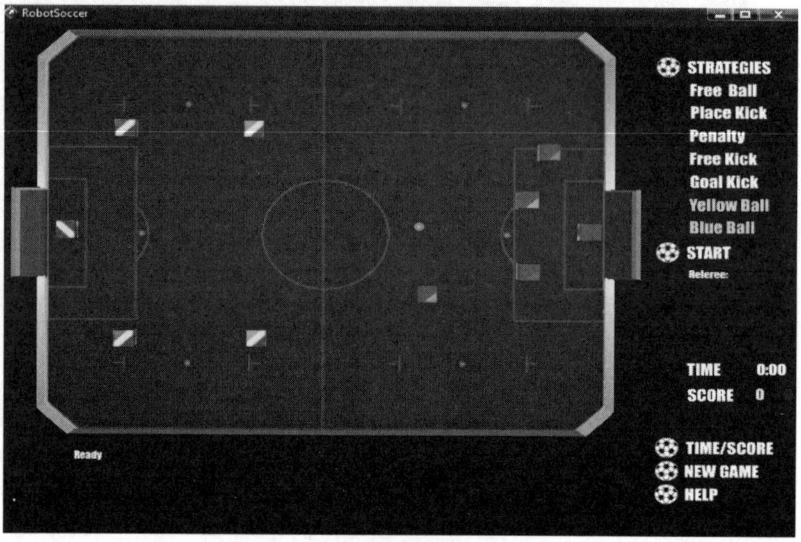

[그림 4.14] 패널티 상황
(수비로봇 3대와 골기퍼 1대가 포함되어 총 4대의 로봇이 패널티지역 안에 있는 상황)

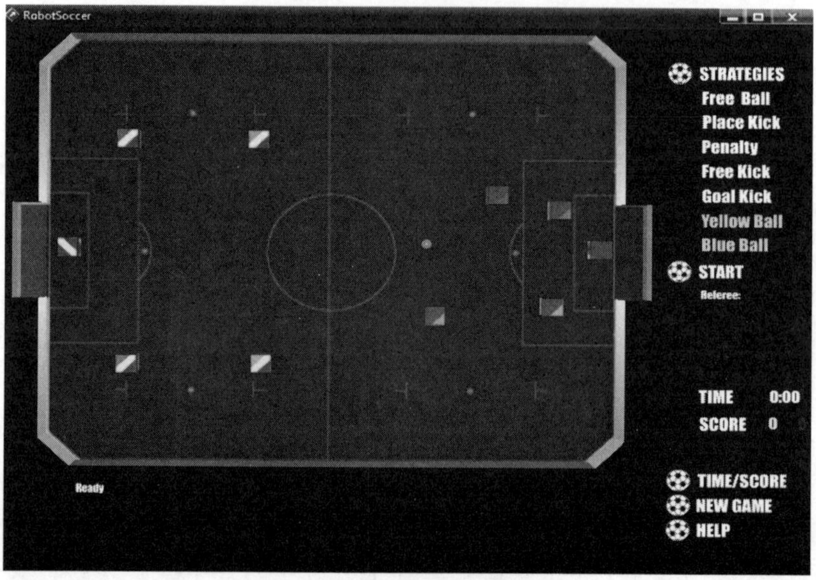

[그림 4.15] 패널티 상황이 아닌 경우
(수비로봇 2대와 골기퍼 1대가 패널티지역 안에 있는 상황)

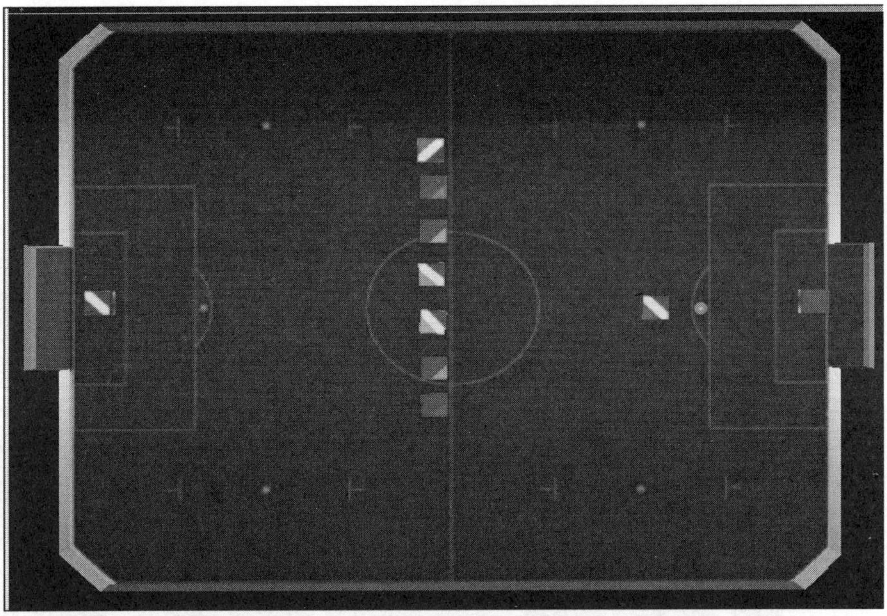

[그림 4.16] 패널티킥 위치

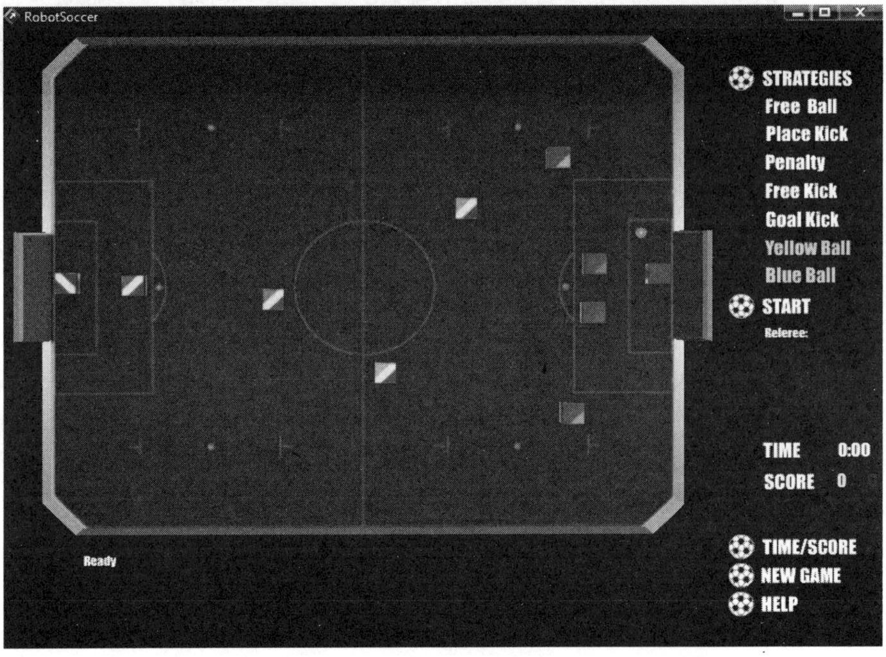

[그림 4.17] 패널티 상황

(골기퍼가 골지역 안에 있는 볼을 10초동안 쳐내지 못하는 상황)

4.8.6 Free-Ball

① 볼이 골지역 밖에서 10초동안 교착상태에 빠지거나 볼이 현저하게 느려 게임진행에 어렵다면 심판이 판단하에 Free-Ball을 선언할 수 있다.

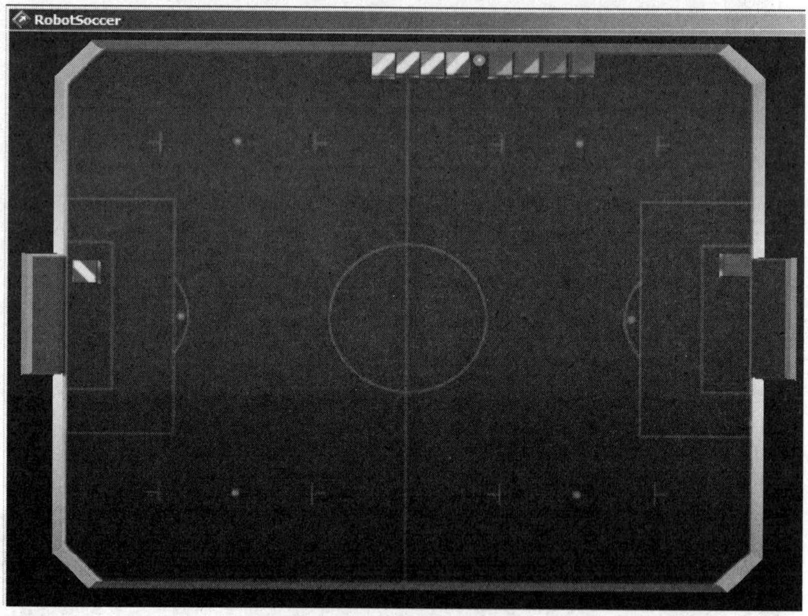

[그림 4.18] 프리볼 상황

② 각 팀의 키커로봇은 FB(경기장의 1/4 지역)지역 안에 FB 지점으로부터 25cm떨어진 곳에서 위치할 수 있다. 로봇은 25cm 떨어진 곳에 있는 라인에 위치해야 한다. 라인에 위치해 있는 로봇은 ± 5°의 각으로 위치할 수 있다. 각 팀의 나머지 로봇들은 Free-Bal이라고 지정된 지역에서 1/4지역 밖에서 위치해야 한다. 그러나 골기퍼는 1/4 지역 안에 배치해도 되지만 골지역 안에 위치해야 한다. (볼이 있는 지역의 팀이 먼저 로봇을 배치한다. 그림 4.19 참고)

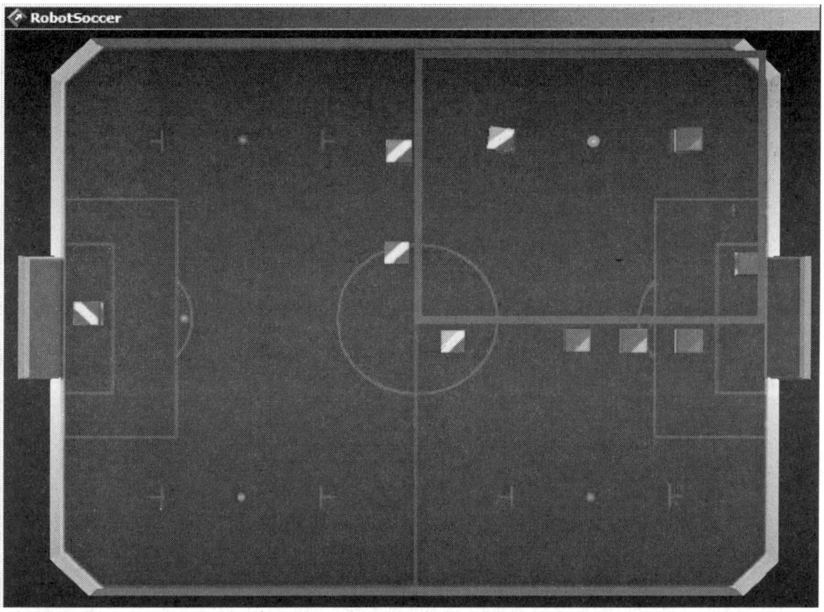

[그림 4.19] 프리볼 상황의 로봇 배치

4.8.7 Goal Kick

① 2대 이상의 공격로봇이 수비골라인지역 안에 머물러있다면 심판에 의해 골킥으로 선언된다. 골지역안에 머물러있다는 것은 로봇이 골지역선의 50% 이상 선을 넘었다면 지역에 머물러있다고 할 수 있다.

② 공격로봇이 골기퍼를 막거나 공격하는 행위도 골킥으로 인정된다. 이러한 상황은 골기퍼 차징이라 한다.

③ 공격로봇이 볼을 사이에 두고 골기퍼를 골대 안으로 밀어버리면 골킥으로 인정된다. 이러한 상황역시 골기퍼 차징이라 한다.

④ 공격로봇이 볼을 사이에 두고 골기퍼가 볼을 막을 수 있는 능력이 있음에도 불구하고, 골기퍼와 볼을 밀면서 골대안으로 볼을 넣는다면 골킥상황이 주어진다. 이것 역시 골기퍼 차징이다(그림 4.20).

⑤ 이러한 상황이 골지역 안에서 10초동안 발생한다면 골킥 상황이 주어진다.

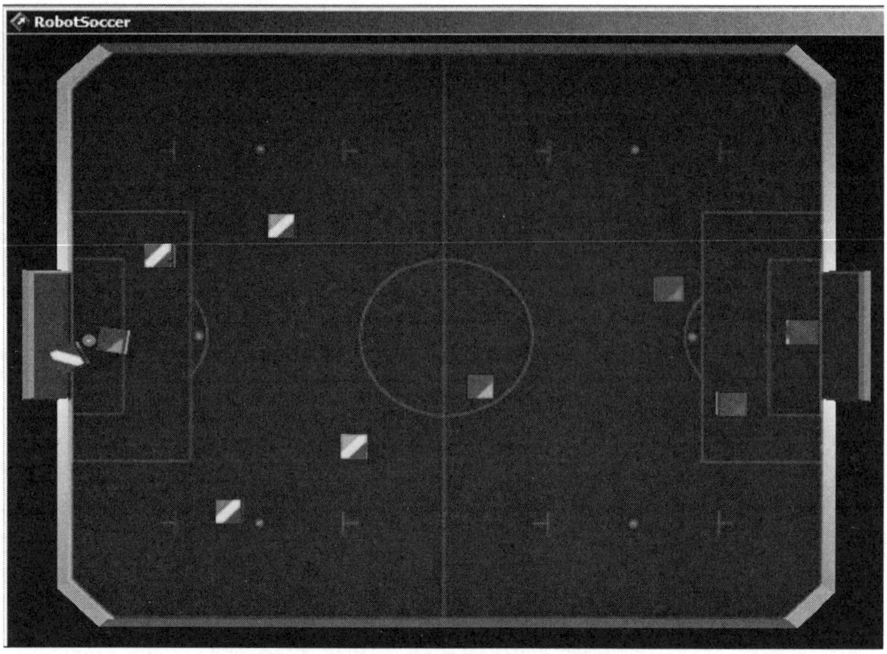

[그림 4.20] 골킥상황 1

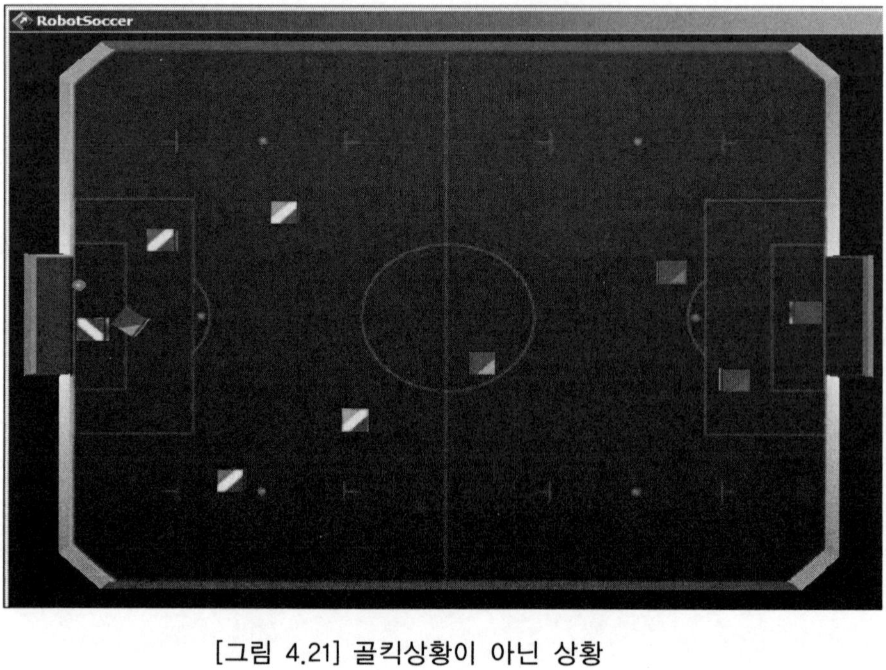

[그림 4.21] 골킥상황이 아닌 상황

⑥ 골기퍼가 볼을 막을 수 없는 상황에서 공격로봇이 볼을 골대 안으로 슛하고 다음에 골기퍼를 건드리면 이것은 골기퍼 차징이 아니다(그림 4.21). 이러한 상황들은 매우 애매하기 때문에 심판의 결정이 절대적이다.

⑦ 패널티지역에서 골기퍼를 공격로봇이 push하는 것은 허락되지만 볼을 사이에 두고 골기퍼를 골대안으로 push하는 것은 허락되지 않는다.

⑧ 골 지역안에 볼은 어느 곳에든 위치할 수 있으며 골기퍼만 그 지역안에 위치할 수 있다. 나머지 로봇은 골지역밖에 배치해야 한다. 상대편 로봇은 중안선 밖에 위치할 수 있다(자기지역 안에서만 배치, 수비팀 먼저 로봇 배치함, 그림 4.22 참고).

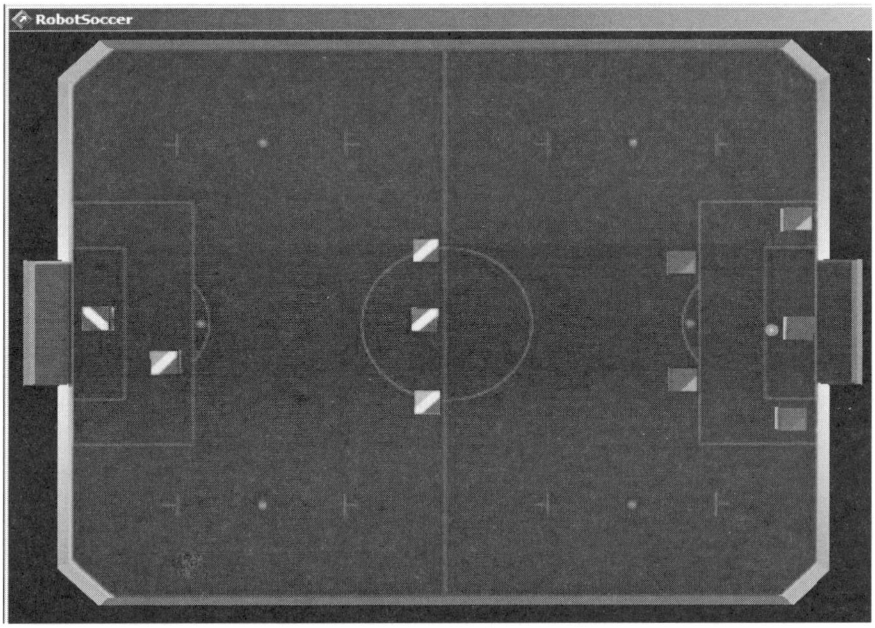

[그림 4.22] 골킥상황의 로봇 배치

4.9 시뮬레이터의 응용 예시 코드

4.9.1 경기장 돌기

다음의 예제는 로봇으로 하여금 경기장 네 구석을 돌게 하는 것이다.

```
void Field_trip( Environment *env )
{
        int PFlag = 0;                    //운동장을 도는 함수에 포함될 플래그

        switch(PFlag)
        {
        case 1:
                Position(&env->home[3],FRIGHTX-10.0, FBOT+10.0, 125, env);
                if((PFlag==1) && (env->home[3].velocityLeft==0)
                                        && (env->home[3].velocityRight==0))
                        PFlag = 2;
                break;

        case 2:
                Position(&env->home[3], FRIGHTX-10.0, FTOP-10.0, 125, env);
                if((PFlag==2) && (env->home[3].velocityLeft==0)
                                        && (env->home[3].velocityRight==0))
                        PFlag =3;
                break;

        case 3:
                Position(&env->home[3], FLEFTX+10.0, FTOP-10.0, 125, env);
                if((PFlag==3) && (env->home[3].velocityLeft==0)
                                        && (env->home[3].velocityRight==0))
                        PFlag =4;
                break;

        case 4:
                Position(&env->home[3], FLEFTX+10.0, FBOT+10.0, 125, env);
                if((PFlag==4) && (env->home[3].velocityLeft==0)
                                        && (env->home[3].velocityRight==0))
                        PFlag =1;
                break;

        default:
                PFlag = 1;
                break;
        }
}
```

4.9.2 조건에 따라 로봇 행동지정

```
void State_control( Environment *env )
{
        if (env->currentBall.pos.x < FCENTERX)
        {
            Position(&env->home[2],FLEFTX+2.0,FCENTERY,125,env);
        }
        else if (env->currentBall.pos.x > FCENTERX)
        {
            Position(&env->home[2],env->currentBall.pos.x,env->currentBall.pos.y,125,env);
        }
}
```

제 5 장

로봇 축구 시스템 시작하기

MIL은 이미지 획득, 디스플레이 및 저장과 관련한 기본적인 기능의 함수는 물론 이미지 처리를 위한 함수까지 제공하는 high-level programming library이다. MIL에서 제공하는 이미지 처리 함수는 크게 general image processing 과 specialized image processing으로 구분된다. MIL은 이들 함수에 대해 sub-pixel accuracy의 정밀도 제공 보다 정밀한 데이터 처리가 가능하다.

5.1 MIL 프로그램 설치하기

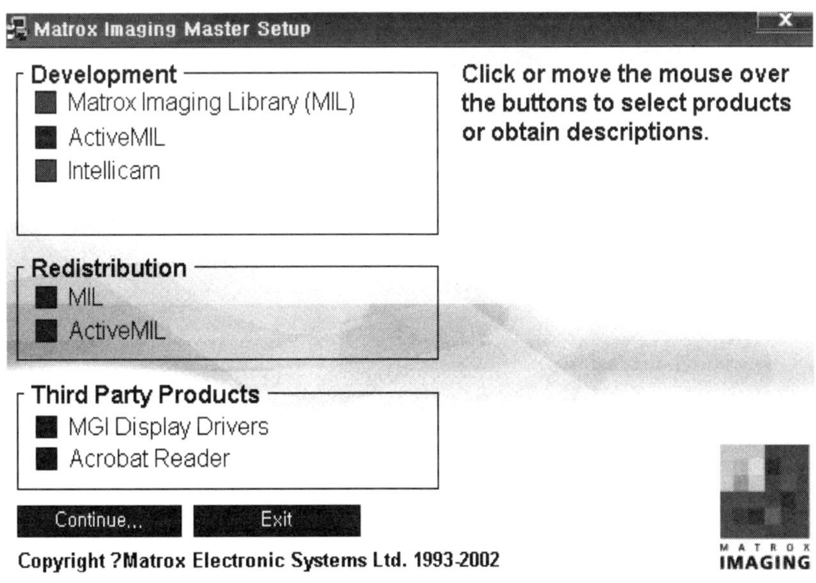

[그림 5.1] 설치화면

Setup.exe 파일을 더블클릭하면 위와 같은 화면이 나타나는데 이 화면에서 <Development>탭에 있는 MIL을 선택한다(MIL을 선택하게 되면 세 번째에 있는 Intellicam도 같이 선택된다). 선택한 다음 Continue 버튼을 누른다.

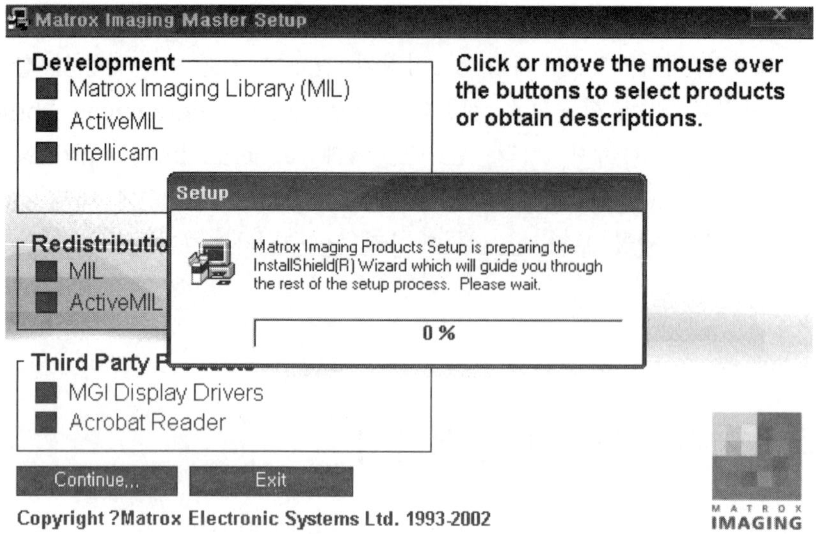

[그림 5.2] 설치화면

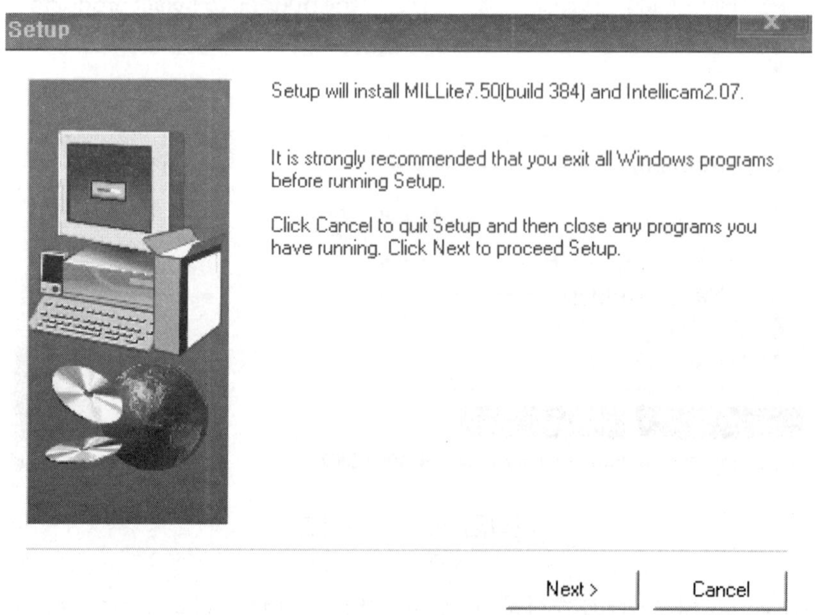

[그림 5.3] 설치화면

Next> 버튼을 클릭한다.

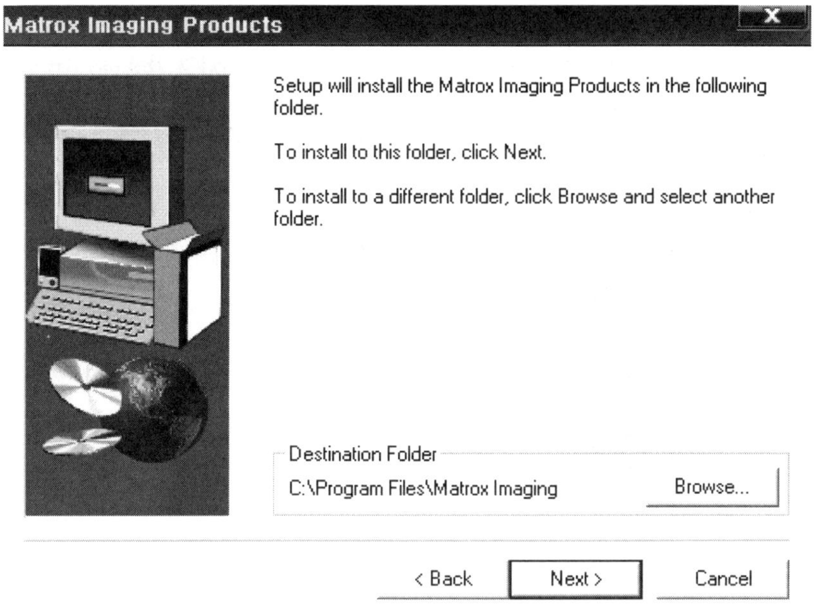

[그림 5.4] 설치화면

설치할 경로를 지정하고 Next> 버튼 클릭한다.

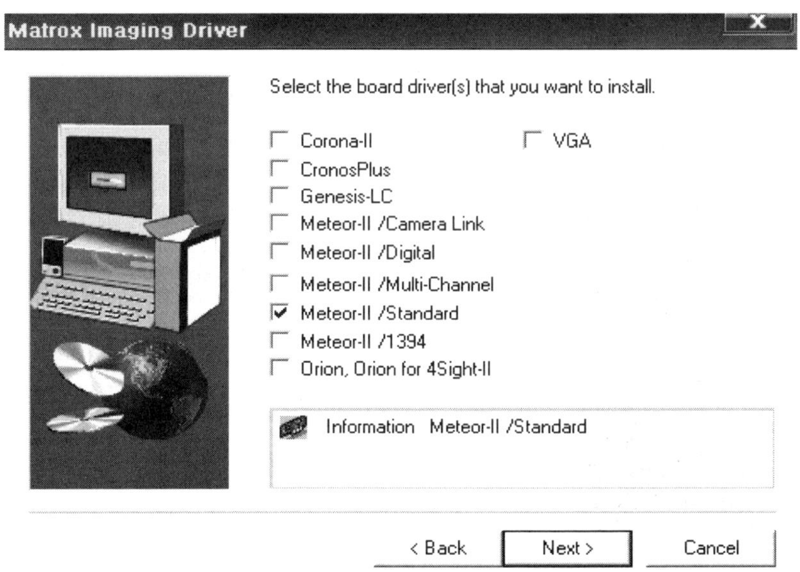

[그림 5.5] 설치화면

이 화면이 떴을 때는 VGA 탭에 체크되어 있을 것이다. 하지만 VGA 탭을 체크 해제하고, Meteor-II /Standard 탭에 체크한다. 그리고 Next> 버튼을 클릭한다.

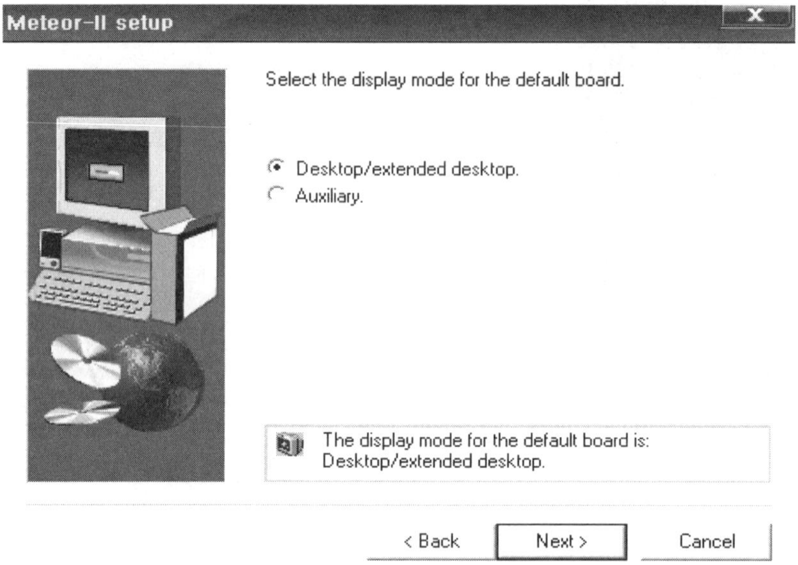

[그림 5.6] 설치화면

지정해 놓은 상태 그대로 유지한다. Next> 버튼을 누른다.

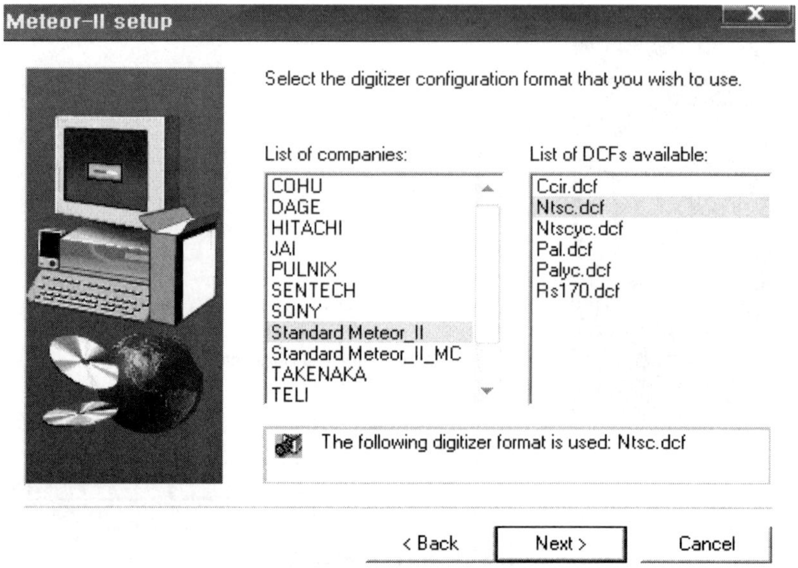

[그림 5.7] 설치화면

List of companies: 에서 Meteor-II /Standard_II 을 지정하고, List of DCFs available:에서 Ntsc.dcf 를 지정한다. 그리고 Next> 버튼을 누른다.

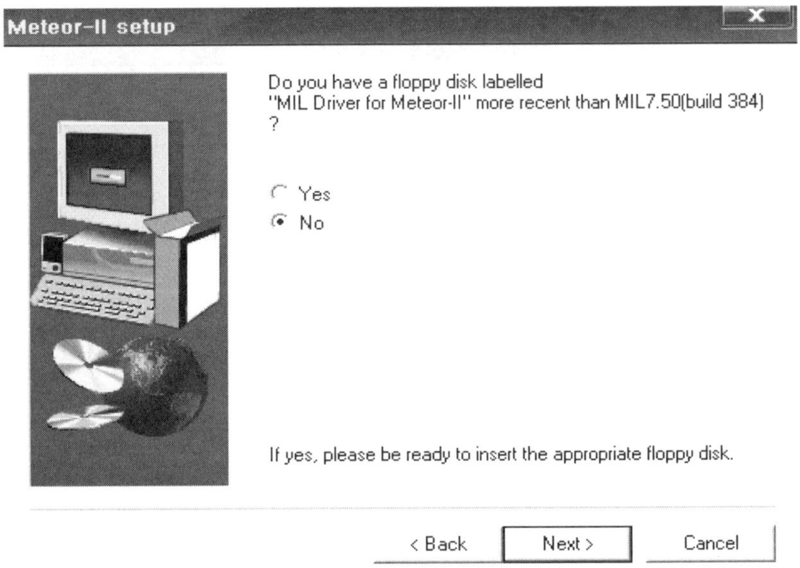

[그림 5.8] 설치화면

No를 지정하고 Next>버튼을 누른다.

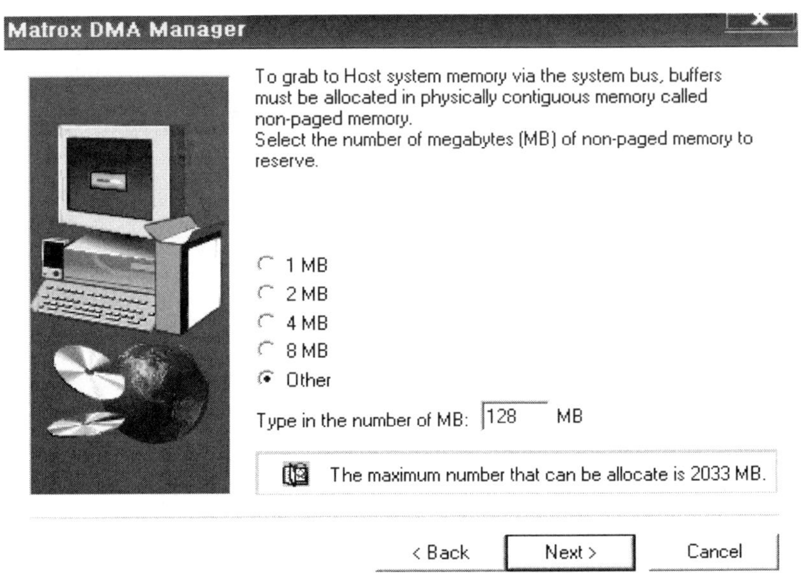

[그림 5.9] 설치화면

메모리를 설정하는 부분에서 Other을 지정하고 128 MB를 입력한다. 그리고 Next>버튼을 누른다.

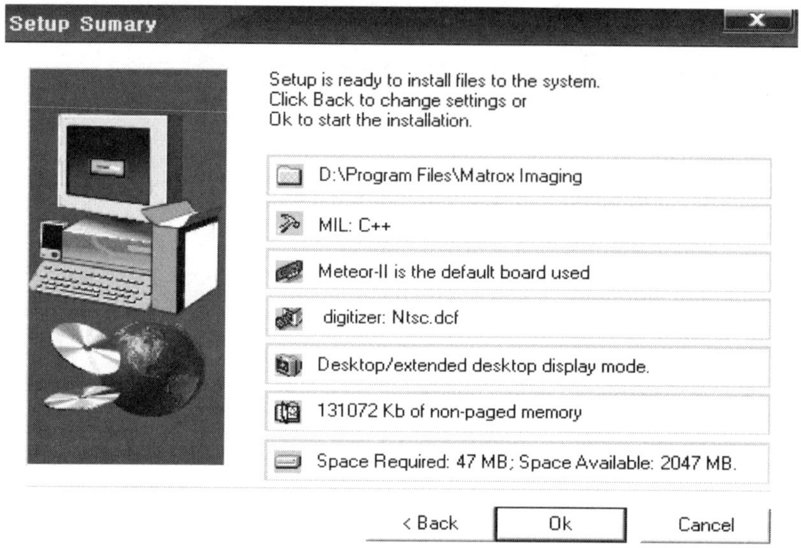

[그림 5.10] 설치화면

입력이 모두 다 되었다면 입력된 정보가 화면에 나타날 것이다. 확인한 다음 Ok 버튼을 누른다.

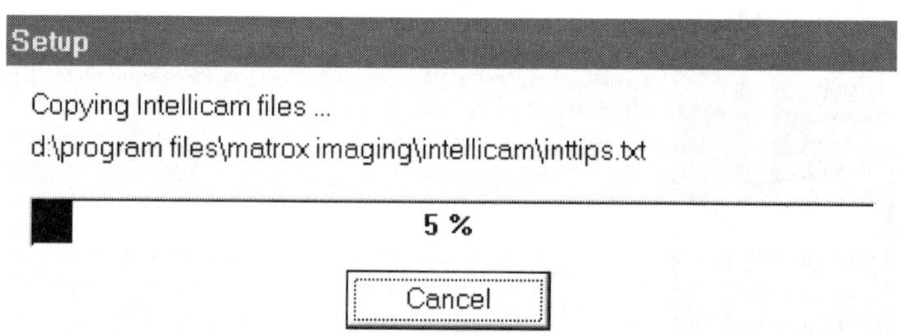

[그림 5.11] 설치화면

Ok 버튼을 누르게 되면 위의 그림과 같이 설치가 진행된다.

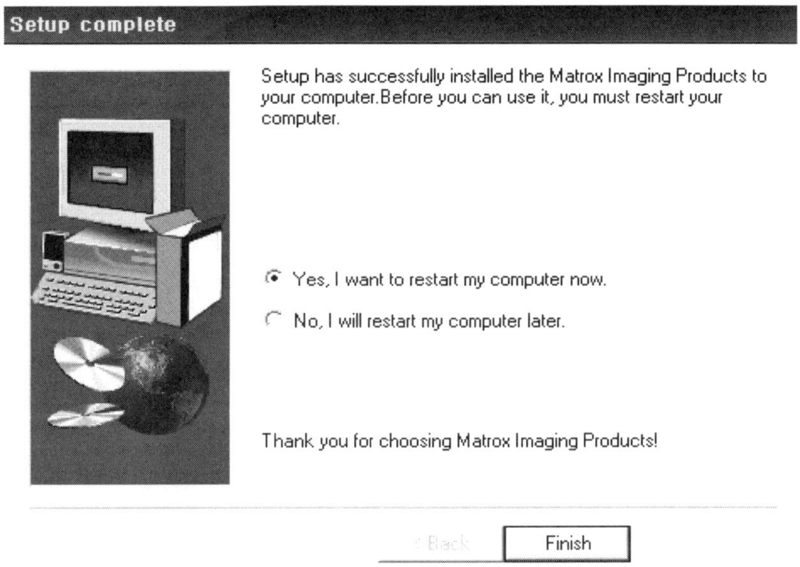

[그림 5.12] 설치화면

Yes를 지정하고 Finish 버튼을 누르면 컴퓨터를 reboot 한다.

이제까지는 PCI 타입의 Frame Grabber를 운용하기 위한 드라이버 설치단계이다.

5.2 MIL 프로그램 및 Camera 동작 확인

PC를 재부팅한 후 설치가 정상적으로 되었는지 확인하는 방법으로 윈도우 시작 화면에서 다음과 같이 프로그램 메뉴를 열어 Matrox Imaging Products를 찾아 Intellicam 을 실행해 본다.

[그림 5.13] 동작화면

Intellicam 실행 후 Digitizer 메뉴에서 Continuous Grab 버튼을 클릭한다. 또는 카메라 영사기 모양의 아이콘을 클릭한다.

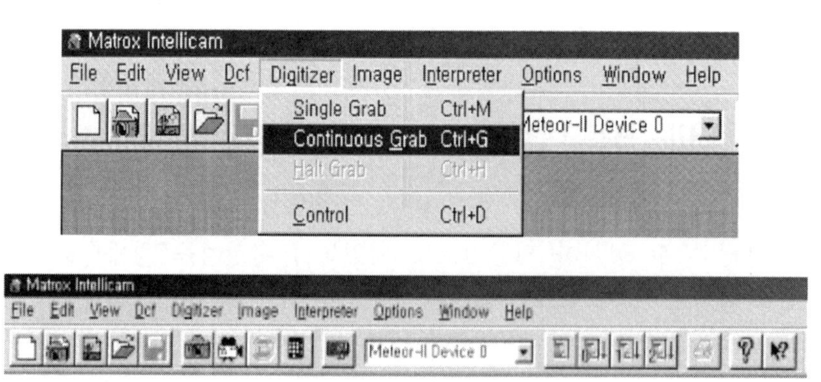

[그림 5.14] 동작화면

DCF 선택 메뉴에서는 NTSC을 선택하고 확인 버튼을 클릭한다.

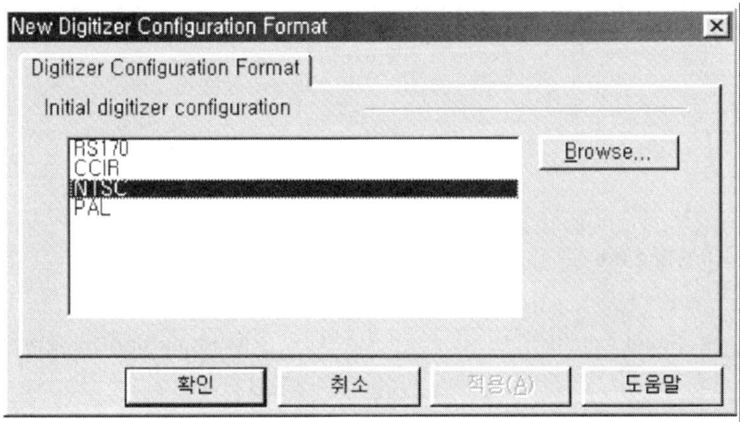

[그림 5.15] 동작화면

아래와 같이 카메라로 받은 경기장 화면이 나오면 정상적으로 설치가 완료된 것이다.

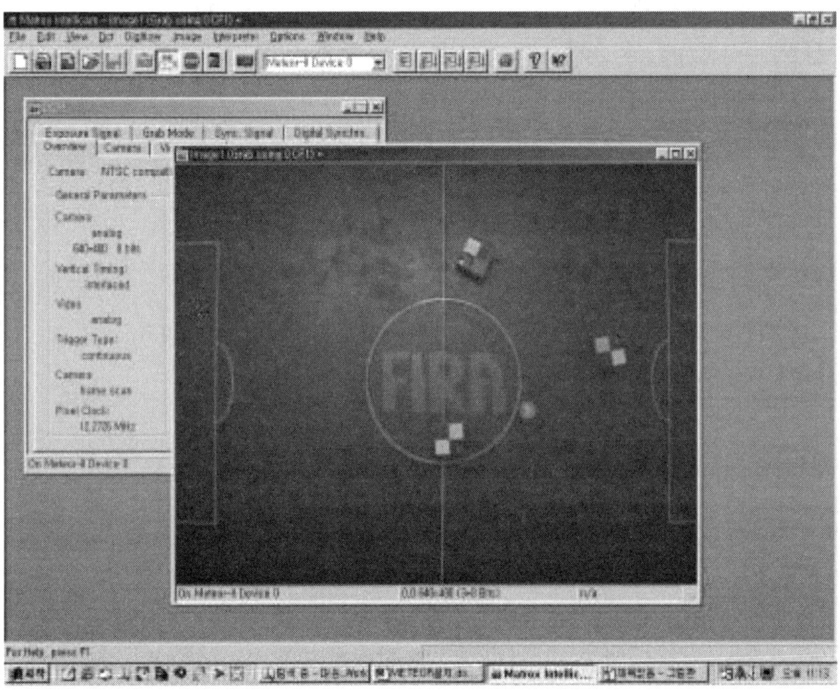

[그림 5.16] 동작화면

5.2.1 Mirosot 프로그램 실행하기

[그림 5.17] 실행화면

Kinggo.dsw 파일을 클릭한다.

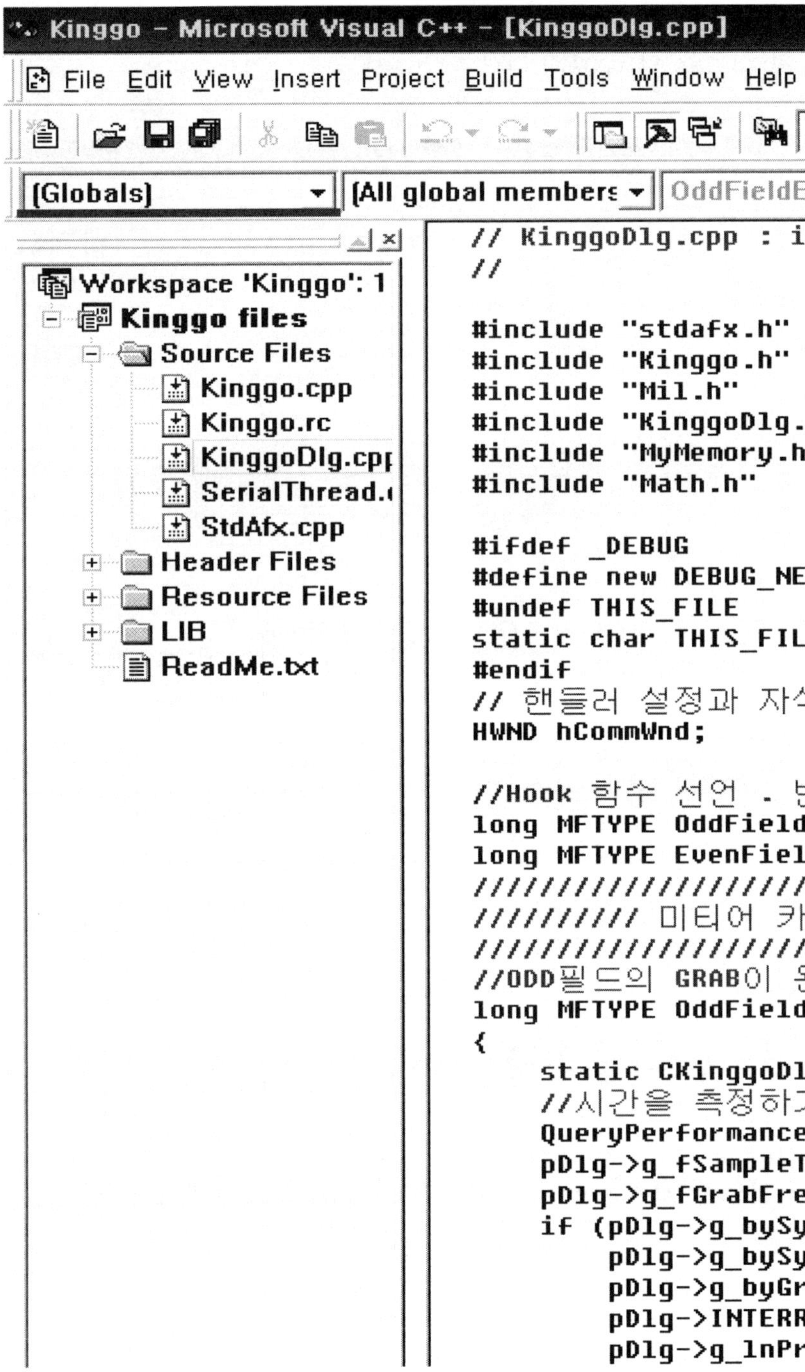
Kinggo - Microsoft Visual C++ - [KinggoDlg.cpp]
File Edit View Insert Project Build Tools Window Help
(Globals)
(All global members
OddFieldE
Workspace 'Kinggo': 1
Kinggo files
Source Files
Kinggo.cpp
Kinggo.rc
KinggoDlg.cp
SerialThread.
StdAfx.cpp
Header Files
Resource Files
LIB
ReadMe.txt
// KinggoDlg.cpp :
//
#include "stdafx.h"
#include "Kinggo.h"
#include "Mil.h"
#include "KinggoDlg.
#include "MyMemory.h
#include "Math.h"
#ifdef _DEBUG
#define new DEBUG_NE
#undef THIS_FILE
static char THIS_FIL
#endif
// 핸들러 설정과
HWND hCommWnd;
//Hook 함수 선언 .
long MFTYPE OddField
long MFTYPE EvenFiel
//////////// 미티어
//ODD필드의 GRAB이
long MFTYPE OddField
{
static CKinggoDl
//시간을 측정하
QueryPerformance
pDlg->g_fSampleT
pDlg->g_fGrabFre
if (pDlg->g_bySy
pDlg->g_bySy
pDlg->g_byGr
pDlg->INTERR
pDlg->g_lnPr

[그림 5.18] 실행화면

KinggoDlg.cpp 클릭(실질적인 운용함수들이 포함되어 있다)
대부분의 작업은 이 cpp파일에서 하면 된다.

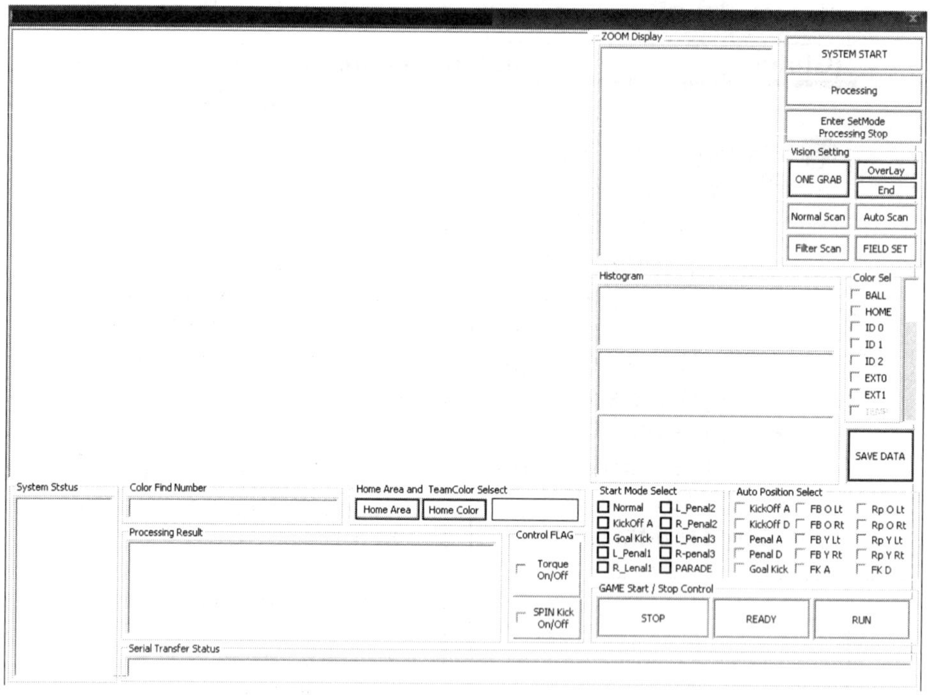

[그림 5.19] Mirosot Vision Program 실행화면

5.3 A.I.R 팀의 Mirosot 프로그램 사용 방법

Strategy.dsw를 클릭하고 compile시키면 위와 같은 화면이 나온다. 이 상태에서 오른쪽 상단부분의 <SYSTEM START> 버튼을 클릭한다.

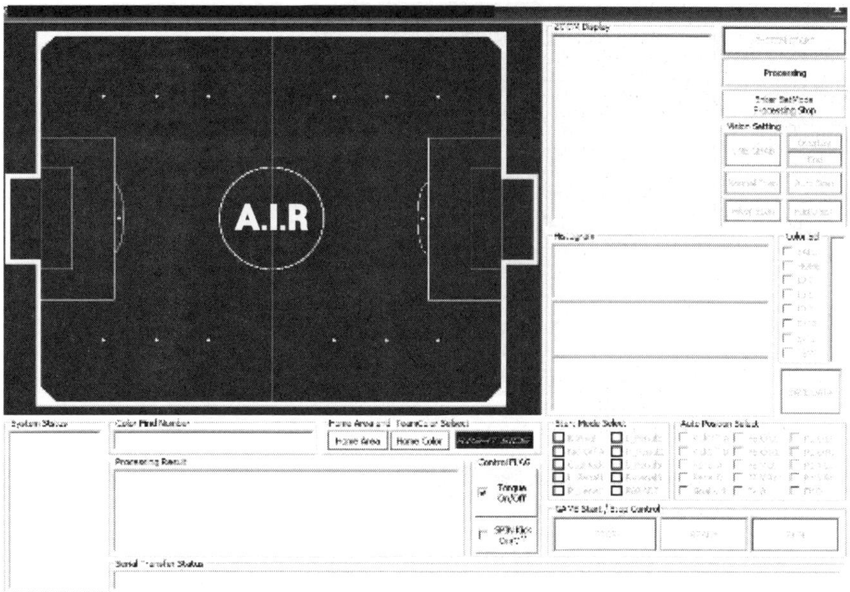

[그림 5.20] SYSTEM START 버튼 누른 화면

<SYSTEM START> 버튼을 누르고 <Processing> 버튼을 누른다.

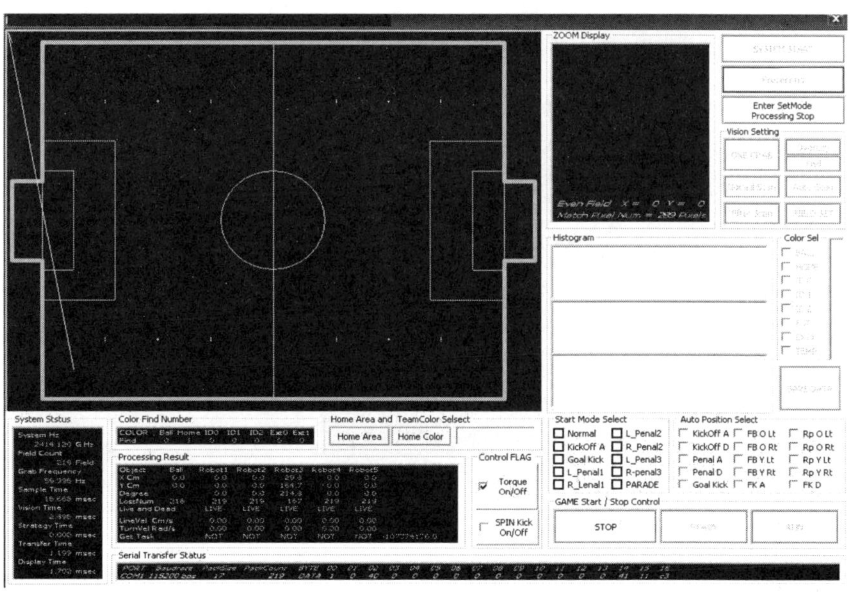

[그림 5.21] Processing 버튼 누른 화면

필드사이즈나 색을 설정하기 위한 부분으로서 <enter set mode> 버튼을 누른다.

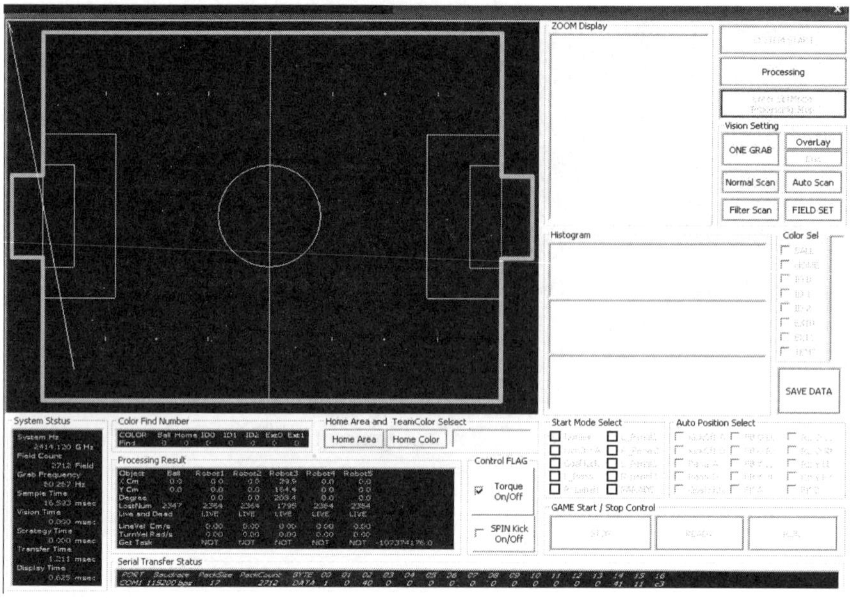

[그림 5.22] Enter set mode 버튼 누른 화면

카메라를 설치하고 비전 프로그램에서 카메라 영상조절을 위한 부분이다. 카메라의 영상을 확인하고 싶을 때 set mode 버튼을 누른 후 overlay 버튼을 누른다. 종료하기 위해선 밑에 End 버튼을 누른다.

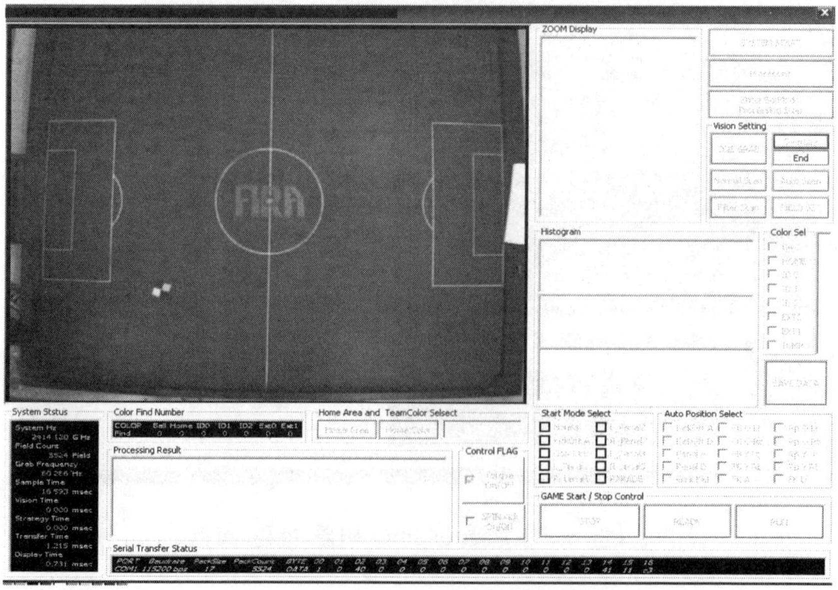

[그림 5.23] overlay 버튼 누른 화면

경기장에 맞게 비전에서 필드사이즈를 설정한다. 빨간색의 선을 마우스 왼쪽 버튼을 이용하여 원하는 필드 지점에 한 번 클릭해준다. 단, 양쪽 끝에 있는 빨간색선은 마우스 오른쪽 버튼을 통해서 지정해준다.

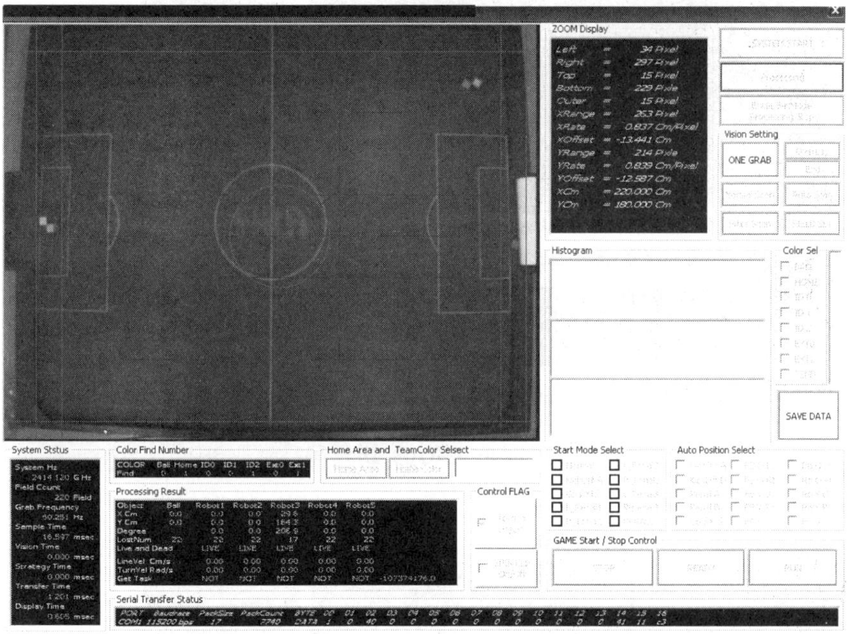

[그림 5.24] field set 버튼 누른 화면

이제 볼과 로봇의 색을 설정하기 위한 부분이다. ENTER SET MODE 버튼을 누른 후 왼쪽에 있는 <ONE GRAB> 버튼을 누르고 화면에 나타난 Even / Odd 필드영상에서 볼이나 로봇을 마우스 왼쪽 버튼을 통해 더블클릭해준다.

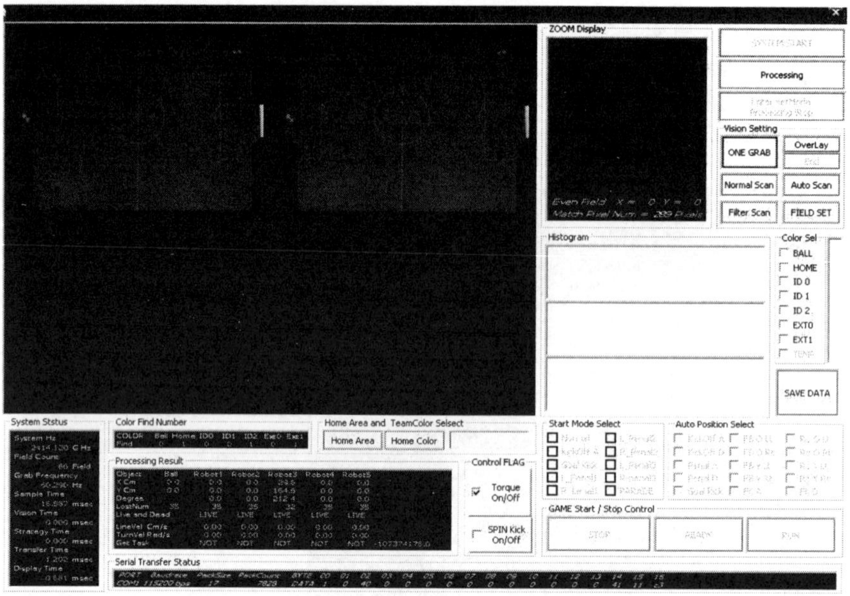

[그림 5.25] ONE GRAB 버튼을 누른 화면

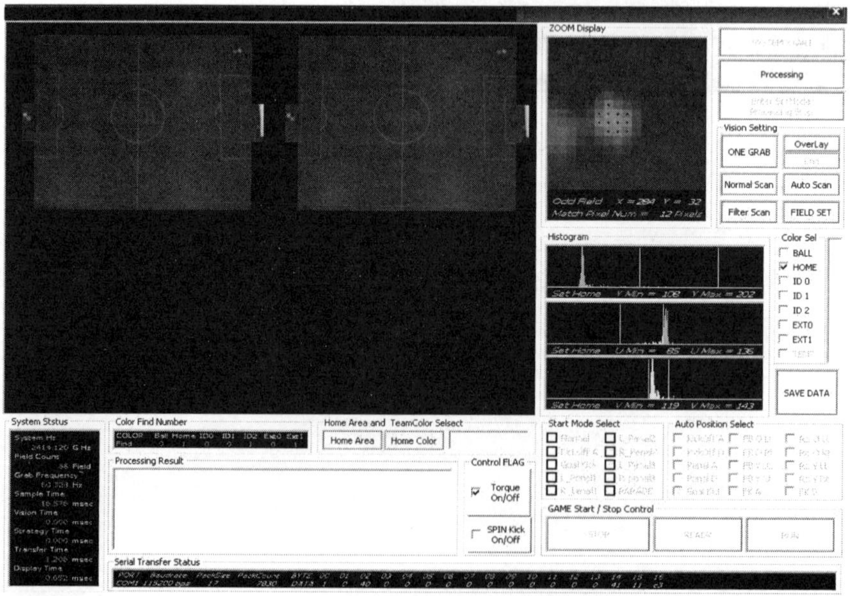

[그림 5.26] 로봇의 팀색인 노란색을 더블클릭하여 ZOOM Display 화면에 나타난 화면

로봇의 팀색(노란색)을 더블클릭하게 되면 ZOOM Display에 확대된 화면이 나

타난다. 확대된 화면에서 팀색에 해당되는 영역들만 마우스로 더블클릭을 한다. 만약 팀색이면 오른쪽 중간부분에 [COLOR SEL]이라는 부분에서 HOME이라고 먼저 체크한 후 영역설정을 해야만 한다.

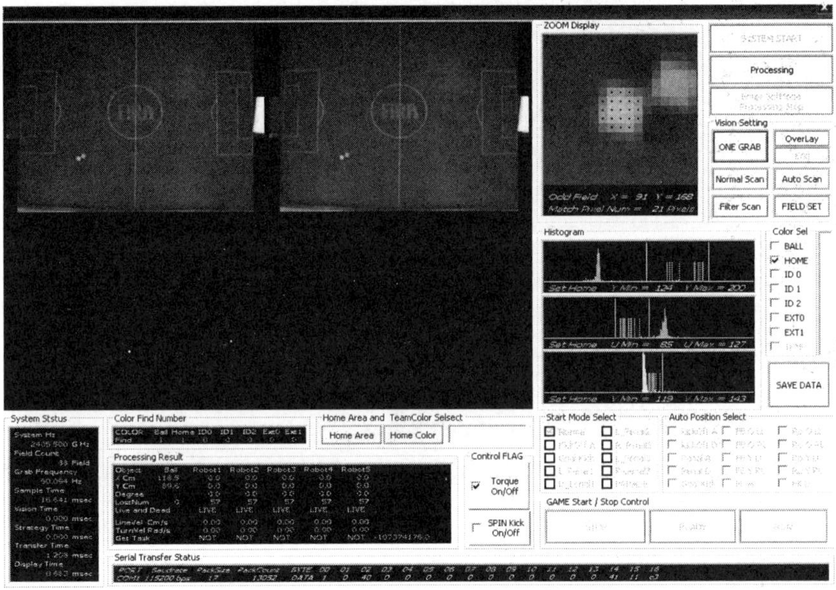

[그림 5.27] 팀색인 노란색 색영역 지정 화면

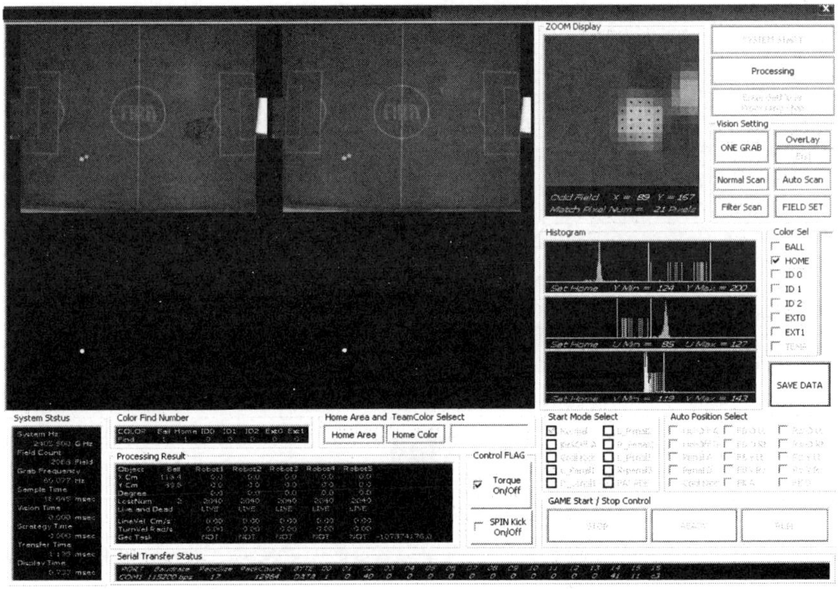

[그림 5.28] 팀색 영역지정 후 normal scan한 후 화면

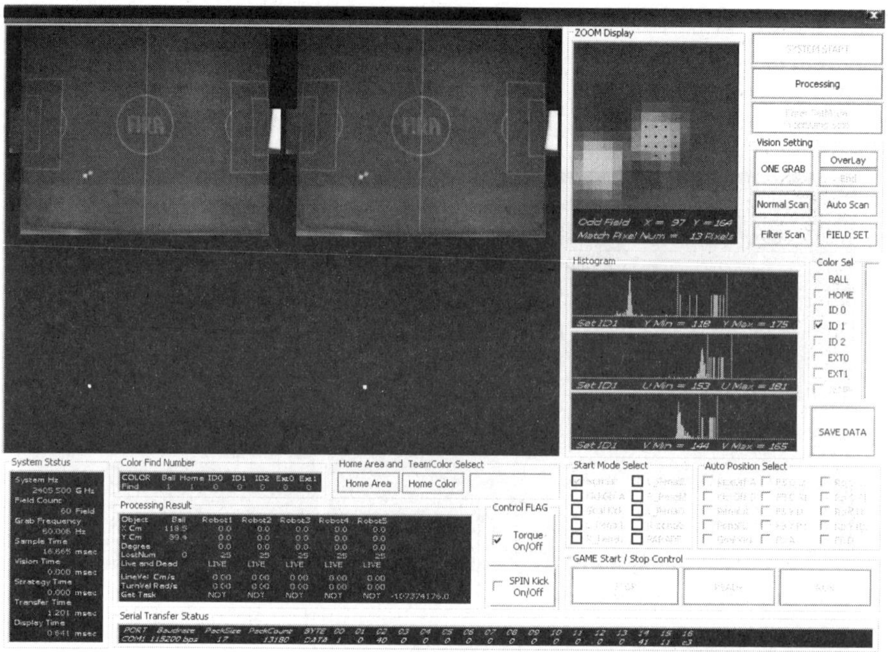

[그림 5.29] ID1번의 색을 더블클릭하여 영역 지정 화면

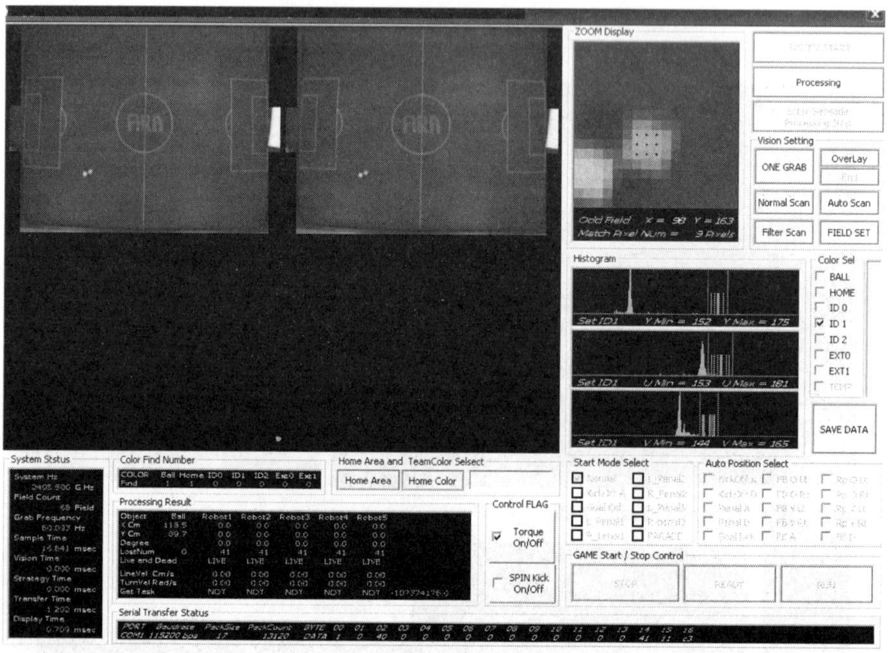

[그림 5.30] ID1번의 색을 지정 후 normal scan한 후

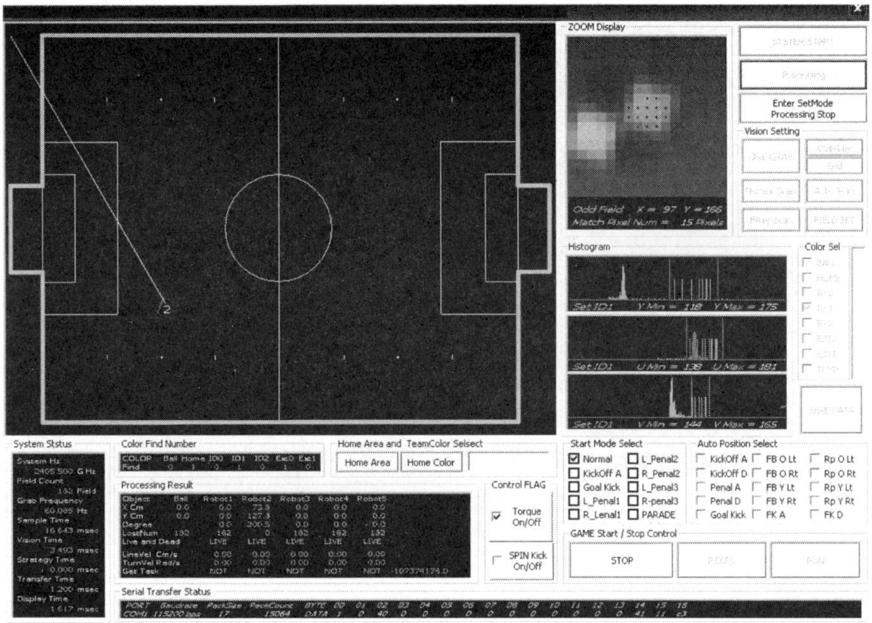

[그림 5.31] 설정화면

팀색과 id1번의 색을 맞게 영역설정했다면 위와 같은 화면이 나온다.

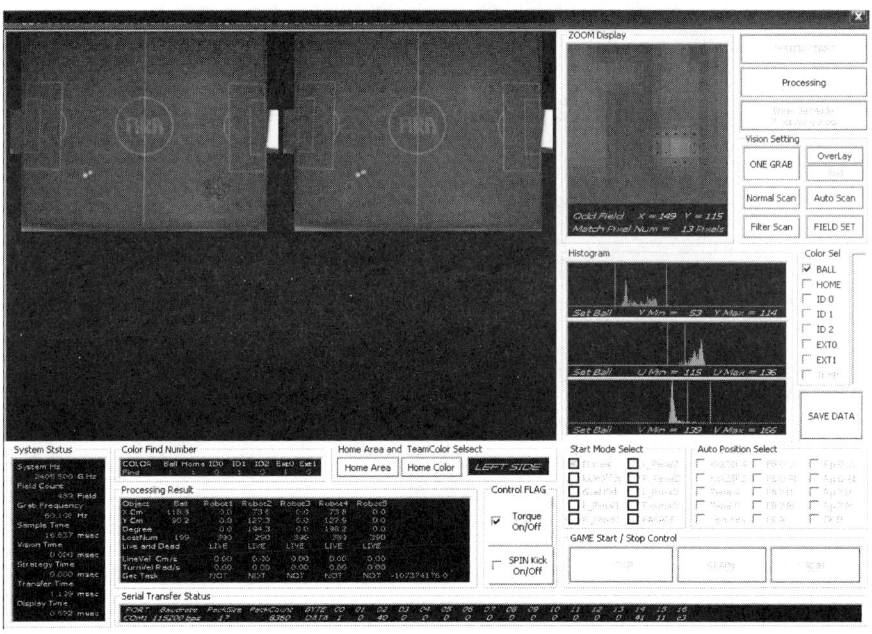

[그림 5.32] 볼 zoom display 부분

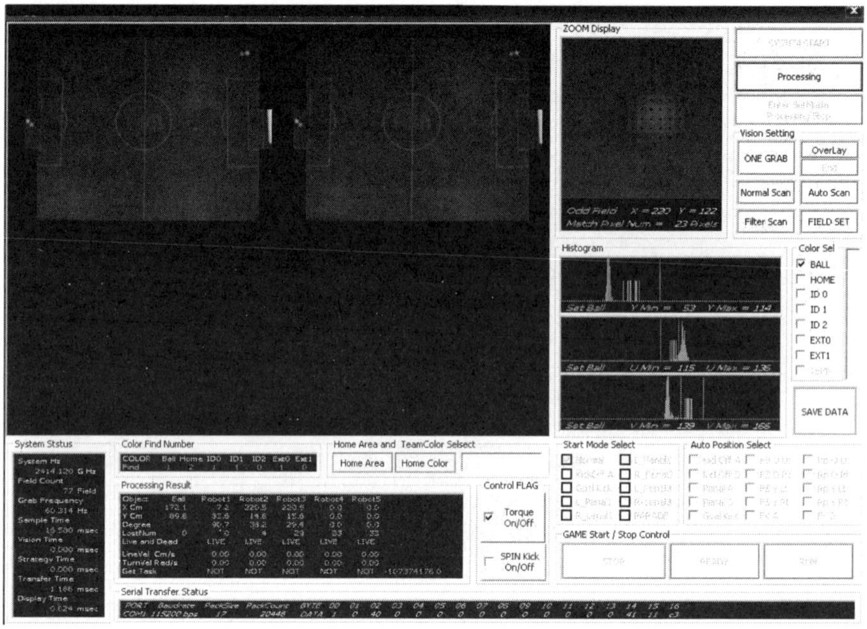

[그림 5.33] 볼 색 영역 지정 화면

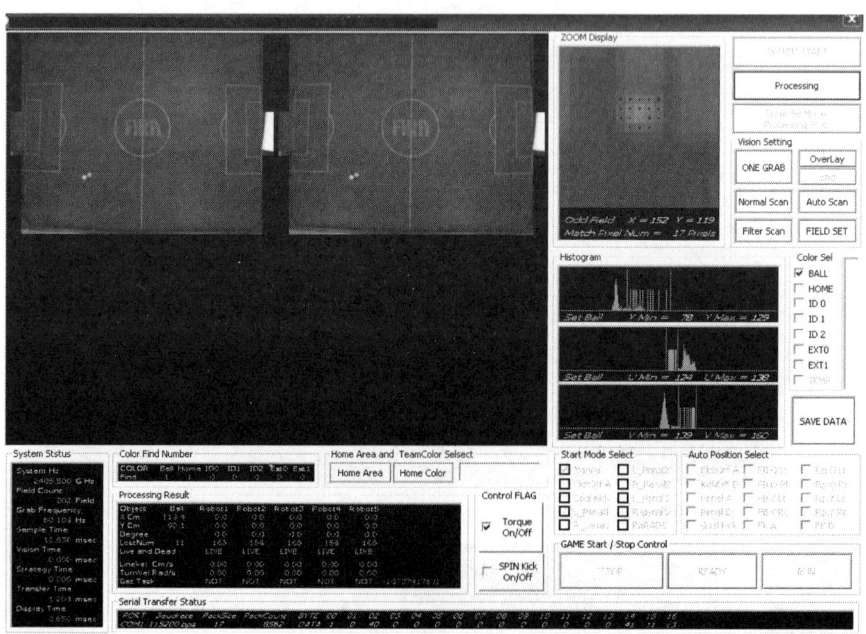

[그림 5.34] HISTOGRAM 화면

더블클릭하게 되면 HISTOGRAM 화면에 가느다란 실선이 나타나게 되는데 이 부분이 색이 지정된 영역을 뜻한다. 이 영역을 왼쪽 막대는 마우스 왼쪽 버튼을 이용해서 왼쪽부분 실선의 처음 막대에 대고 한 번 클릭해주면 막대가 이동하게 된다. 역시 오른쪽 끝 막대는 마우스 오른쪽 버튼을 통해 클릭해주면 막대가 이동하게 된다. 막대를 이동시킴으로써 색의 영역설정이 끝나게 되는데 영역설정이 끝난 후 오른쪽 중간부분에 SAVE DATA 버튼을 눌러주면 데이터가 저장된다. 만약 사용자가 색의 영역을 설정해주고 나서 색이 카메라에 어떻게 나타나는지 보려고 한다면 ONE GRAB 버튼 밑에 있는 NORMAL SCAN이라는 버튼을 눌러주면 비전 화면에서 영역 설정된 색만이 나타나게 될 것이다.

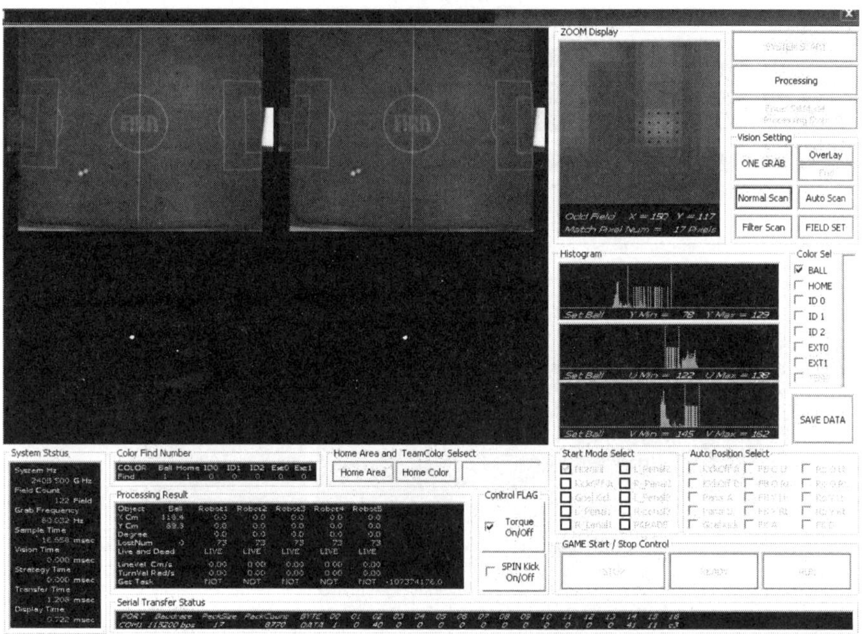

[그림 5.35] 볼을 normal scan 한 부분

[그림 5.36] 비전에 나타난 볼 화면

볼의 색이 제대로 잡혔다면 위와 같은 그림이 나온다.

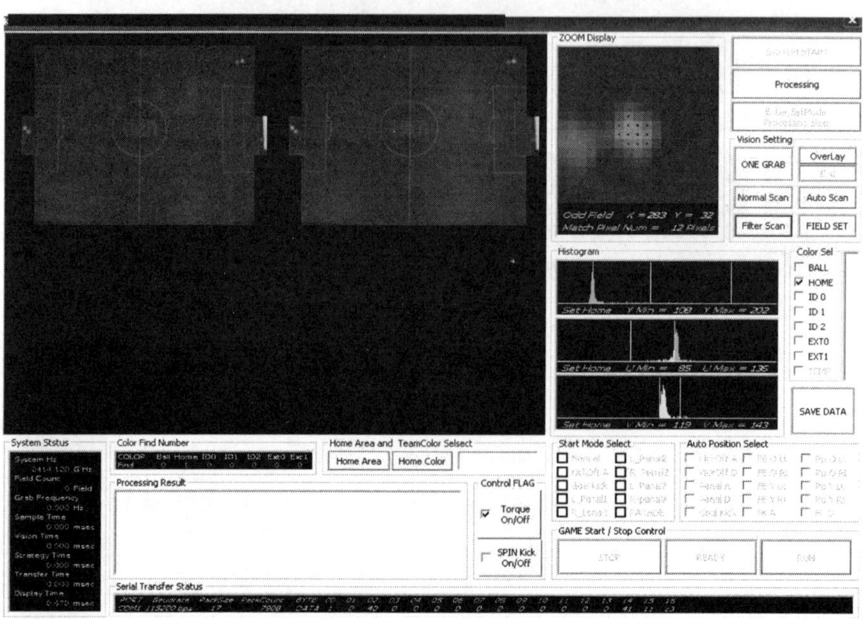

[그림 5.37] 설정화면

FILTER SCAN 부분은 필터 알고리즘을 통해서 색영역의 잡음을 제거해준다. 그 옆에 AUTO SCAN은 10번동안 색을 필터하여 그 색의 잡음이 없는지 체크해주는 부분이다.

그리고 모든 영역이나 색을 설정할 때면 항상 끝나고 SAVE DATA를 클릭해준다.

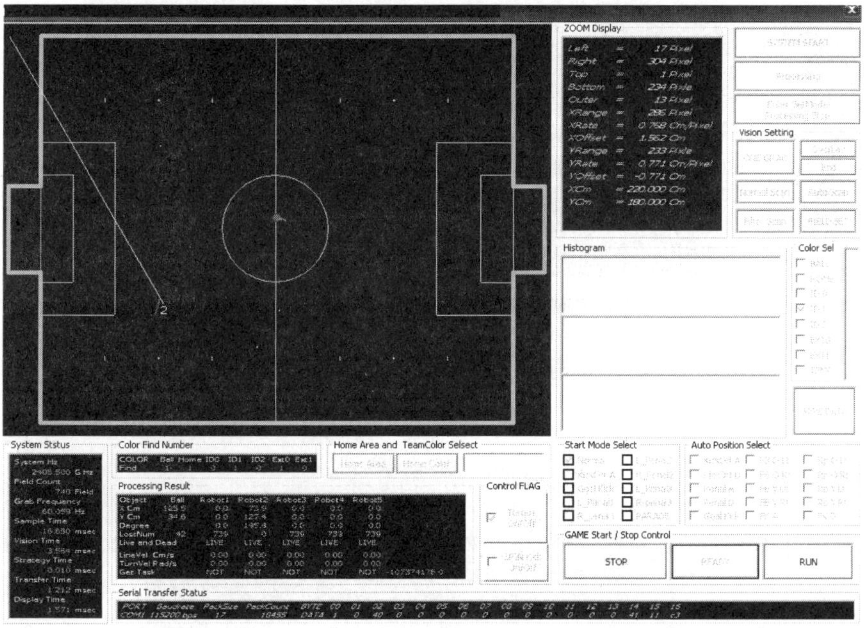

[그림 5.38] 색 지정 후 PROCESSING 버튼을 누른 화면

색영역을 다 지정하고 PROCESSING 버튼을 누르게 되면 위와 같이 화면에 로봇의 번호와 볼이 화면이 나타날 것이다. 만약 로봇이나 볼이 나타나지 않으면 색영역 지정이 잘못되었다는 뜻이므로 색영역 설정방법을 다시 반복해야 한다. 또한 볼이 다른 지역에 가서 없어지거나 로봇의 번호가 바뀌게 되면 색영역 지정을 다시 해주기 바란다.

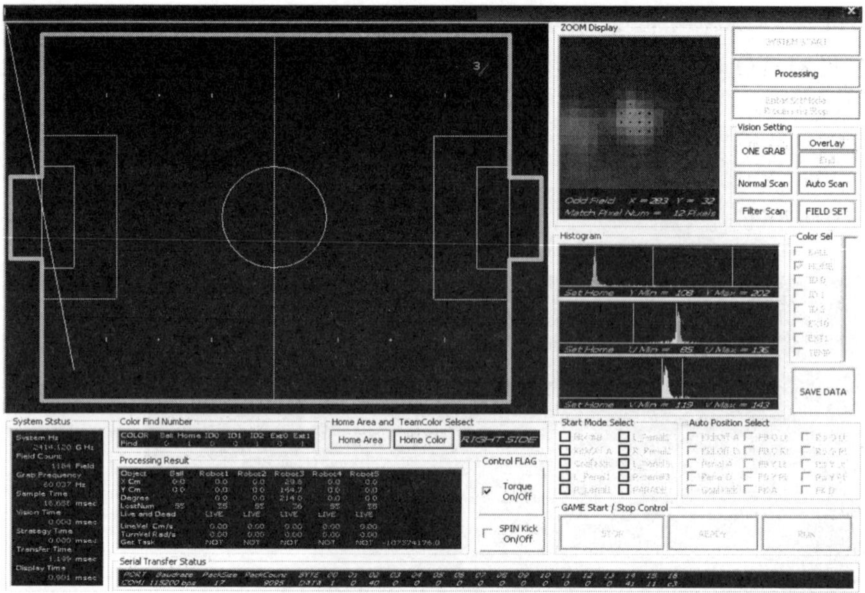

[그림 5.39] 팀 지역 설정화면

중간부분에 지역을 정하는 부분이 있는데 <HOME AREA> 버튼을 누르게 되면 RIGHT SIDE 인지 LEFT SIDE인지 설정하게 된다.

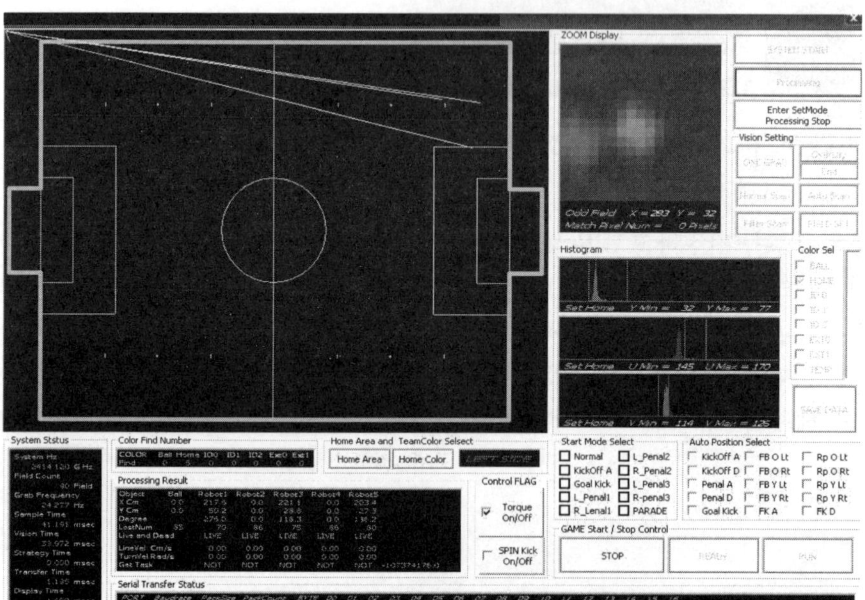

[그림 5.40] 팀색 지역 설정화면

<HOME COLOR> 버튼을 누르게 되면 팀색(노랑/파랑)을 정하게 된다. 이제 색지정과 지역 설정이 끝났다면 운용하기 위한 초기설정이 끝났다. 이제 경기에 앞서 하단부분에 STOP 버튼을 누르고 준비를 한다.

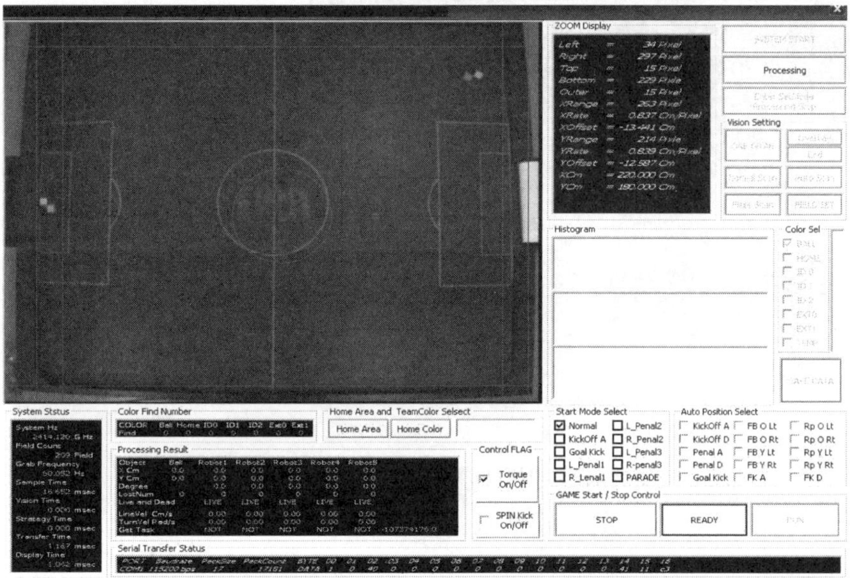

[그림 5.41] STOP 버튼을 누른 화면

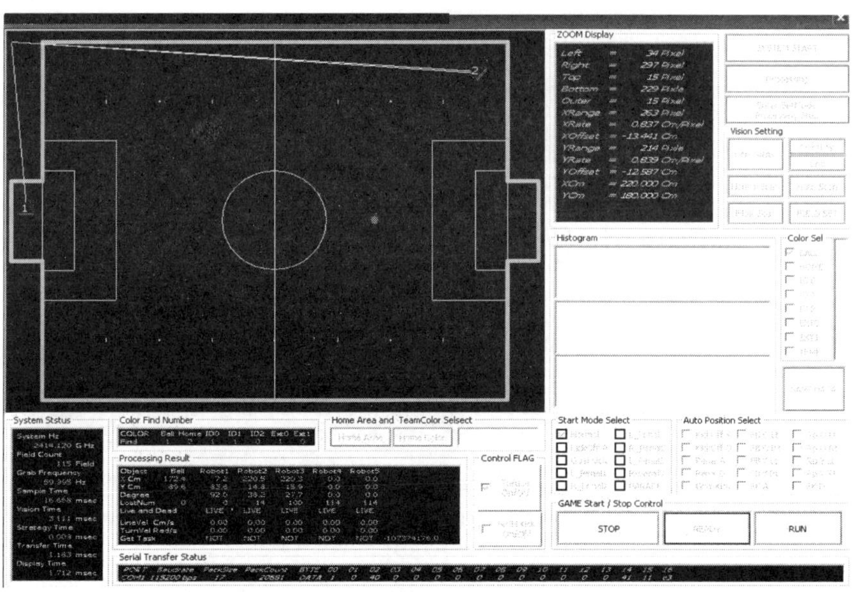

[그림 5.42] READY 버튼을 누른 화면

READY 버튼을 누르고 로봇들에게 준비 명령을 내린다. 통신을 이용하여 패킷을 전송한다.

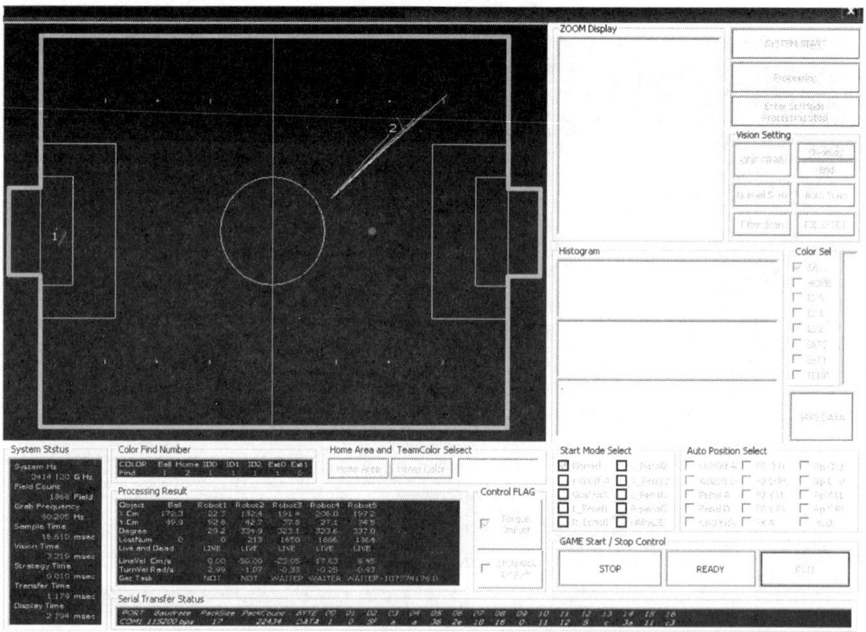

[그림 5.43] RUN 버튼을 누른 화면

RUN 버튼을 누르게 되면 로봇들이 짜놓은 코드대로 움직이게 될 것이다.

5.4 Mirosot 응용 예시 코드

```
RobotID=4;
if(Ball_x > FIELD_CENTER_X) //공이 상대 진영에 있을 때 (공격모드)
{
    if(Ball_x > FIELD_CENTER_X && Ball_x < FIELD_RIGHT_IN)
    //상대 골대를 제외한 곳을 상대 진영으로 정함
    {
      if(Ball_y < FIELD_CENTER_Y+5.0f) // 중앙 Y축보다 위에 있을 경우,
```

```
2번 로봇이 공격을 하게 됨
{
        if( Ball_y < FIELD_TOP+10.0f)       //B' 지역(센터링하자!!)
    {
        if(Ball_x < g_dMyRobot[RobotID][0]) // 공이 로봇보다 뒤에 놓인 경우
        {
            if( Ball_y < g_dMyRobot[RobotID][1])
                // 로봇이 공보다 위에 있을 때
            {
                    g_dMyRobotGoal[RobotID][0]=Ball_x-5.0f;
                g_dMyRobotGoal[RobotID][1]=Ball_y+7.0f;
            }
            else // 볼이 로봇보다 밑에 있을 때
            {
                g_dMyRobotGoal[RobotID][0]=Ball_x-5.0f;
                g_dMyRobotGoal[RobotID][1]=Ball_y+7.0f;
                }
            }
            else // 공을 뒤에 두고 있을 때
            {
                if( Ball_y > g_dMyRobot[RobotID][1])
                    //로봇이 볼보다 밑에 있을 때
                {
                  g_dMyRobotGoal[RobotID][0]=Ball_x+1.0f;
                  g_dMyRobotGoal[RobotID][1]=Ball_y;
                }
                else // 로봇이 위에 있을 때
                {
                  g_dMyRobotGoal[RobotID][0]=Ball_x+1.0f;
                  g_dMyRobotGoal[RobotID][1]=Ball_y;
                  g_dMyRobotGoalVel[RobotID]=70.0f;
                }
            }
        }// if문끝(B 지역)
        else if(Ball_y < FIELD_GOALLINE_TOP-7.0f)
        {
            if(Ball_x > FIELD_PENAL_RIGHT)
                //D' 지역 (골대 아래에서부터 치고 올라간다!)
```

```
{
        if( DistanceBallToRobot[RobotID] < 4)
        //볼과 로봇의 거리가 4이하

                {
            g_nRightKickCount[RobotID]
            = MAX_A_BOUND;
         // 왼쪽 바퀴를 이용 맥스A바운드만큼 회전
        }
        else //거리가 4 이상
        {
          g_dMyRobotGoal[RobotID][0]=Ball_x;
          g_dMyRobotGoal[RobotID][1]=Ball_y+2.0f;
          g_dMyRobotGoalVel[RobotID]=20.0f;
        }
}
else
{
        if(Ball_x < g_dMyRobot[RobotID][0])
                // 공이 로봇보다 뒤
        {
        if( Ball_y < g_dMyRobot[RobotID][1])
        // 로봇이 공보다 위에 있을 때
                {
          g_dMyRobotGoal[RobotID][0]=Ball_x-5.0f;
          g_dMyRobotGoal[RobotID][1]=Ball_y-7.0f;
                }
              else // 볼이 로봇보다 밑에 있을 때
                {
          g_dMyRobotGoal[RobotID][0]=Ball_x-4.0f;
          g_dMyRobotGoal[RobotID][1]=Ball_y-7.0f;
                }
        }
        else // 공을 뒤에 두고 있을 때
        {
              if( Ball_y > g_dMyRobot[RobotID][1])
                      //로봇이 볼보다 밑에 있을 때
              {
```

```
                        if( DistanceBallToRobot[RobotID] < 5)
                                //볼과 로봇의 거리가 4이하
                            {
                                g_nRightKickCount[RobotID]
                                        = MAX_A_BOUND;
                    // 왼쪽 바퀴를 이용 맥스A바운드만큼 회전
                            }
                            else //거리가 4 이상
                            {
                        g_dMyRobotGoal[RobotID][0]=Ball_x;
                        g_dMyRobotGoal[RobotID][1]=Ball_y-1.5f;
                            }
                        }
                        else // 로봇이 위에 있을 때
                        {
                            g_dMyRobotGoal[RobotID][0]=Ball_x;
                            g_dMyRobotGoal[RobotID][1]=Ball_y;
                            g_dMyRobotGoalVel[RobotID]=80.0f;
                        }
                    }
                }
            }
            else        //골대를 정면으로 바라보고 있다면,
            {
                if(Ball_x < g_dMyRobot[RobotID][0]) //공이 로봇보다 뒤
                {
                    if( Ball_y < g_dMyRobot[RobotID][1])
                            // 로봇이 공보다 위에 있을 때
                    {
                    g_dMyRobotGoal[RobotID][0]=Ball_x-5.0f;
                    g_dMyRobotGoal[RobotID][1]=Ball_y-7.0f;
                    }
                    else // 볼이 로봇보다 밑에 있을 때
                    {
                    g_dMyRobotGoal[RobotID][0]=Ball_x-4.0f;
                    g_dMyRobotGoal[RobotID][1]=Ball_y-7.0f;
                    }
                }
                else // 공을 뒤에 두고 있을 때
```

```
{
    if(Ball_x > FIELD_PENAL_RIGHT+3.0f)
    {
        if( DistanceBallToRobot[RobotID] < 5)
            //볼과 로봇의 거리가 4이하
        {
            g_nRightKickCount[RobotID]
                = MAX_A_BOUND;
// 왼쪽 바퀴를 이용 맥스A바운드만큼 회전
        }
        else //거리가 4 이상
        {
    g_dMyRobotGoal[RobotID][0]=Ball_x+2.0f;
    g_dMyRobotGoal[RobotID][1]=Ball_y+0.5f;
    g_dMyRobotGoalVel[RobotID]=80.0f;
        }
    }
    else
    {
        if( Ball_y > g_dMyRobot[RobotID][1])
            //로봇이 볼보다 밑에 있을 때
        {
        if( DistanceBallToRobot[RobotID] < 2)
            //볼과 로봇의 거리가 4이하
        {

    g_nLeftKickCount[RobotID]=MAX_A_BOUND;
    // 왼쪽 바퀴를 이용 맥스A바운드만큼 회전
            }
        else //거리가 4 이상
            {

g_dMyRobotGoal[RobotID][0]=Ball_x+1.0f;

    g_dMyRobotGoal[RobotID][1]=Ball_y-0.5f;
            }
          }
        else // 로봇이 위에 있을 때
        {
```

```
                                                g_dMyRobotGoal[RobotID][0]=Ball_x+1.5f;

                                                g_dMyRobotGoal[RobotID][1]=Ball_y-2.5f;

                                                g_dMyRobotGoalVel[RobotID]=70.0f;
                                                    }
                                                    }
                                            }
                            }
                    }



        else if( Ball_y > FIELD_CENTER_Y+5.0f && Ball_y < FIELD_GOALLINE_BOT )
                //공이 4번 로봇쪽에 있을시(센터링 대기모드)
            {
            if(Ball_x < FIELD_PENAL_RIGHT)          //공을 따라 움직임
            {
            g_dMyRobotGoal[RobotID][0]=Ball_x;
            g_dMyRobotGoal[RobotID][1]=FIELD_GOAL_TOP;
            g_dMyRobotGoalVel[RobotID]=30.0f;
            }
            else    //공이 골대 근처에 오면 센터링된 공을 받을 위치로 이동!
            {
            If(Ball_x < g_dMyRobot[RobotID][0]) // 공이 로봇보다 뒤
            {
            if( Ball_y < g_dMyRobot[RobotID][1]) // 로봇이 공보다 위에 있을 때
            {

                        g_dMyRobotGoal[RobotID][0]=Ball_x-5.0f;

                        g_dMyRobotGoal[RobotID][1]=Ball_y-7.0f;
            }
           else // 볼이 로봇보다 밑에 있을 때
           {

                       g_dMyRobotGoal[RobotID][0]=Ball_x-5.0f;

                       g_dMyRobotGoal[RobotID][1]=Ball_y-7.0f;
```

```
                }
                }
                else // 공을 뒤에 두고 있을 때
                {
                if( Ball_y > g_dMyRobot[RobotID][1]) //로봇이 볼보다 밑에 있을 때
                {
                if( DistanceBallToRobot[RobotID] < 2) //볼과 로봇의 거리가 4이하
                {
                 g_nRightKickCount[RobotID] = MAX_A_BOUND;
                     // 왼쪽 바퀴를 이용 맥스A바운드만큼 회전
                }
               else //거리가 4 이상
                {

                              g_dMyRobotGoal[RobotID][0]=Ball_x;

                              g_dMyRobotGoal[RobotID][1]=Ball_y-1.5f;
                }
                }
                else // 로봇이 위에 있을 때
                {
                              g_dMyRobotGoal[RobotID][0]=Ball_x;
                                    g_dMyRobotGoal[RobotID][1]=Ball_y;
                                                    g_dMyRobotGoalVel[RobotID]=80.0f;
               }
                        }
                        }
                        }
                        else
                        {
                        if(Ball_x < FIELD_PENAL_RIGHT)          //공을 따라 움직임
                        {
                        g_dMyRobotGoal[RobotID][0]=Ball_x;
                        g_dMyRobotGoal[RobotID][1]=FIELD_GOAL_TOP;
                                   g_dMyRobotGoalVel[RobotID]=20.0f;
                        }
                        else //공이 골대 근처에 오면 센터링된 공을 받을 위치로 이동!
                        {
                           g_dMyRobotGoal[RobotID][0]=Ball_x-15.0f;
```

```
                g_dMyRobotGoal[RobotID][1]=FIELD_GOAL_TOP;
                g_dMyRobotGoalVel[RobotID]=0.0f;

            }
            }
                    }
            }

else  //수비모드(우리진영)
{
        if(Ball_x < FIELD_CENTER_X && Ball_x > FIELD_GOALLINE_LEFT+5.0f)
            // 골키퍼 영역에 들어가지 말자!
        {
                if(Ball_y < FIELD_GOALLINE_TOP)
                {
                        if( Ball_x < FIELD_PENAL_LEFT)          // c'지역
                        {
                                if(Ball_x < g_dMyRobot[RobotID][0])
                                        // 공이 로봇보다 뒤
                                {
                                        if( Ball_y < g_dMyRobot[RobotID][1])
                                            // 로봇이 공보다 위에 있을 때
                                            {
                                        g_dMyRobotGoal[RobotID][0]=Ball_x+4.0f;
                                        g_dMyRobotGoal[RobotID][1]=Ball_y+7.0f;
                                            }
                                        else // 볼이 로봇보다 밑에 있을 때
                                            {
                                        g_dMyRobotGoal[RobotID][0]=Ball_x+5.0f;
                                        g_dMyRobotGoal[RobotID][1]=Ball_y+7.0f;
                                            }
                                }
                                else // 공을 뒤에 두고 있을 때
                                {
                                        if( Ball_y > g_dMyRobot[RobotID][1])
                                            //로봇이 볼보다 밑에 있을 때
                                            {
```

```
                    if( DistanceBallToRobot[RobotID] < 4)
                            //볼과 로봇의 거리가 4이하
                              {
          g_nRightKickCount[RobotID] = MAX_A_BOUND;
           // 왼쪽 바퀴를 이용 맥스A바운드만큼 회전
                    }
                      else //거리가 4 이상
                    {
          g_dMyRobotGoal[RobotID][0]=Ball_x;
          g_dMyRobotGoal[RobotID][1]=Ball_y-2.0f;
                            //공을 걷어내기
                    }
                    }
                    else // 로봇이 위에 있을 때
                      {
          g_dMyRobotGoal[RobotID][0]=Ball_x;
          g_dMyRobotGoal[RobotID][1]=Ball_y+1.0f;
          g_dMyRobotGoalVel[RobotID]=70.0f;
                    }
            }
     }
     else if( Ball_y > FIELD_TOP-10.0f)
            //B' 지역 (멀리서도 센터링하자!)
     {
            if(Ball_x < g_dMyRobot[RobotID][0])
                    // 공이 로봇보다 뒤
            {
            if( Ball_y < g_dMyRobot[RobotID][1])
                      // 로봇이 공보다 위에 있을 때
                      {
                g_dMyRobotGoal[RobotID][0]=Ball_x-5.0f;
                g_dMyRobotGoal[RobotID][1]=Ball_y+7.0f;
                      }
                    else // 볼이 로봇보다 밑에 있을 때
                      {
                g_dMyRobotGoal[RobotID][0]=Ball_x-5.0f;
                g_dMyRobotGoal[RobotID][1]=Ball_y+7.0f;
                      }
```

```
                    }
                    else // 공을 뒤에 두고 있을 때
                    {
                         if( DistanceBallToRobot[RobotID] < 4)
                                   //볼과 로봇의 거리가 4이하
                    {
                  g_nRightKickCount[RobotID] = MAX_A_BOUND;
                   // 왼쪽 바퀴를 이용 맥스A바운드만큼 회전
                    }
                    else //거리가 4 이상
                    {

                        g_dMyRobotGoal[RobotID][0]=Ball_x+1.0f;
                        g_dMyRobotGoal[RobotID][1]=Ball_y;
                        g_dMyRobotGoalVel[RobotID]=70.0f;
                    }
                    }
          }// else if문 끝(B' 지역)
          else
          {
                    if(Ball_x < g_dMyRobot[RobotID][0])
                              // 공이 로봇보다 뒤
                    {
                    if( Ball_y < g_dMyRobot[RobotID][1])
                              // 로봇이 공보다 위에 있을 때
                              {
                      g_dMyRobotGoal[RobotID][0]=Ball_x-5.0f;
                      g_dMyRobotGoal[RobotID][1]=Ball_y-7.0f;
                              }
                             else // 볼이 로봇보다 밑에 있을 때
                              {
                      g_dMyRobotGoal[RobotID][0]=Ball_x-4.0f;
                      g_dMyRobotGoal[RobotID][1]=Ball_y-7.0f;
                              }
                    }
                    else // 공을 뒤에 두고 있을 때
                    {
                    if( Ball_y > g_dMyRobot[RobotID][1])
```

```
                                                    //로봇이 볼보다 밑에 있을 때
                                                    {
                                              g_dMyRobotGoal[RobotID][0]=Ball_x;
                                              g_dMyRobotGoal[RobotID][1]=Ball_y-1.5f;
                                              g_dMyRobotGoalVel[RobotID]=70.0f;
                                                    }
                                                    else // 로봇이 위에 있을 때
                                                    {
                                              g_dMyRobotGoal[RobotID][0]=Ball_x;
                                              g_dMyRobotGoal[RobotID][1]=Ball_y;
                                              g_dMyRobotGoalVel[RobotID]=70.0f;
                                                    }
                                             }
                                }
                    }
        else if(Ball_y > FIELD_GOAL_TOP && Ball_y < FIELD_GOAL_BOT)
                    {
                    if(Ball_x < g_dMyRobot[RobotID][0]) // 공이 로봇보다 뒤
                                {
                                             if( Ball_y < g_dMyRobot[RobotID][1])
                                                    // 로봇이 공보다 위에 있을 때
                                             {
                                             g_dMyRobotGoal[RobotID][0]=Ball_x-5.0f;
                                             g_dMyRobotGoal[RobotID][1]=Ball_y-7.0f;
                                             }
                                             else // 볼이 로봇보다 밑에 있을 때
                                             {
                                             g_dMyRobotGoal[RobotID][0]=Ball_x-4.0f;
                                             g_dMyRobotGoal[RobotID][1]=Ball_y-7.0f;
                                             }
                                }
                                else // 공을 뒤에 두고 있을 때
                                {
                                             g_dMyRobotGoal[RobotID][0]=Ball_x;
                                             g_dMyRobotGoal[RobotID][1]=Ball_y;
                                             g_dMyRobotGoalVel[RobotID]=70.0f;
                                }
                    }
                    else
```

```
                {
                        if(Ball_x > FIELD_PENAL_LEFT)
                        {
                        g_dMyRobotGoal[RobotID][0]=FIELD_PENAL_LEFT;
                        g_dMyRobotGoal[RobotID][1]=FIELD_GOAL_BOT;
                        g_dMyRobotGoalVel[RobotID]=0.0f;


                        }
                        else
                        {
                        g_dMyRobotGoal[RobotID][0]=FIELD_LEFT_IN+5.0f;
                        g_dMyRobotGoal[RobotID][1]=FIELD_PENAL_BOT;
                        g_dMyRobotGoalVel[RobotID]=0.0f;
                        }
                }
        }
        else
        {
                if(Ball_y < FIELD_GOALLINE_TOP-5.0f)  // c'지역
                {
                    if(10 > sqrt((g_dMyRobot[2][0] -
                      g_dMyRobot[4][0])*(g_dMyRobot[2][0] - g_dMyRobot[4][0]) +
                       (g_dMyRobot[2][1] -
                       g_dMyRobot[4][1])*(g_dMyRobot[2][1] - g_dMyRobot[4][1])))
                        {
                                g_dMyRobotGoal[RobotID][0]=Ball_x+15.0f;
                                g_dMyRobotGoal[RobotID][1]=Ball_y;
                                g_dMyRobotGoalVel[RobotID]=30.0f;
                        }
                        else
                        {
                                if(Ball_x < g_dMyRobot[RobotID][0])
                                      // 공이 로봇보다 뒤
                                {
                                    if( Ball_y < g_dMyRobot[RobotID][1])
                                        // 로봇이 공보다 위에 있을 때
                                        {
                                 g_dMyRobotGoal[RobotID][0]=Ball_x-1.0f;
                                 g_dMyRobotGoal[RobotID][1]=Ball_y+4.0f;
```

```
                                }
                                else//볼이 로봇보다 밑에 있을 때
                                {
                            g_dMyRobotGoal[RobotID][0]=Ball_x-1.0f;
                            g_dMyRobotGoal[RobotID][1]=Ball_y+4.0f;
                                }
                            }
                            else // 공을 뒤에 두고 있을 때
                            {
                            if( DistanceBallToRobot[RobotID] < 4)
                                    //볼과 로봇의 거리가 4이하
                            {
                        g_nRightKickCount[RobotID] = MAX_A_BOUND;
                            // 왼쪽 바퀴를 이용 맥스A바운드만큼 회전
                            }
                            else //거리가 4 이상
                            {
                            g_dMyRobotGoal[RobotID][0]=Ball_x+1.0f;
                            g_dMyRobotGoal[RobotID][1]=Ball_y-1.0f;
                            g_dMyRobotGoalVel[RobotID]=70.0f;
                            }
}
                        }
                }
                else
                {
                        g_dMyRobotGoal[RobotID][0]=FIELD_LEFT+5.0f;
                        g_dMyRobotGoal[RobotID][1]=FIELD_PENAL_BOT+5.0f;
                            g_dMyRobotGoalVel[RobotID]=0.0f;
                }
            }
        }
}
```

제 6 장

로봇 제어 프로그램

이번 장에서 다룰 내용은 호스트 컴퓨터에서 사용되는 프로그램이다. 로봇에게 보낼 속도 명령을 만드는 Velocity 함수는 3, 4절에서 다루었다. 따라서 본 장에서는 공격수 로봇을 위한 Shoot 함수와 골키퍼를 위한 Goalie 함수, 벽처리 함수인 AvoidBound 로봇을 원하는 각도로 향하게 하는 Angle 함수에 대해서 설명을 한다.

6.1 Shoot 함수

임의의 위치에 있는 로봇이 공을 목표점으로 차게 하는 함수에 대해서 알아보자. 공을 목표점으로 차기 위해서는 로봇의 위치뿐만 아니라 로봇의 각도도 동시에 제어를 해야 가능하다. 본 실험에서는 이동 로봇의 자세 제어를 위한 간단한 함수이름을 Shoot 함수로 정했다.

앞 절에서 살펴본 Position 함수는 로봇을 목표점으로 이동시키는 제어 함수이다. 하지만 목표점에 도달할 때 어떤 각도로 로봇이 들어갈지 알 수가 없다. 이동 로봇이 상대편 골대로 공을 차기 위하여 목표점에 도달할 때 어떤 각도로 들어가는지도 매우 중요하다. 이번 절에서는 이런 점을 보완하기 위해서 목표점에서 로봇의 도달각도까지도 제어하는 함수인 Shoot 함수에 대해서 알아본다.

앞 절의 Position 함수는 로봇을 원하는 위치로 움직이게 하는 함수로, 목표점에서 로봇의 방향각은 고려되지 않았다. 즉, 로봇을 목표위치로 이동할 경우 목표위치에 도달할 때의 각도는 로봇의 초기위치와 방향각에 따라 달라지며 직접 제어가 불가능하다. 그러므로 Position 함수를 이용하여 공을 찰 경우 대부분 목표 위치에서의 방향각이 다르므로 공을 원하는 목표지점으로 보내지 못한다.

다음의 State Machine을 따라 슛함수를 만들 수 있다.

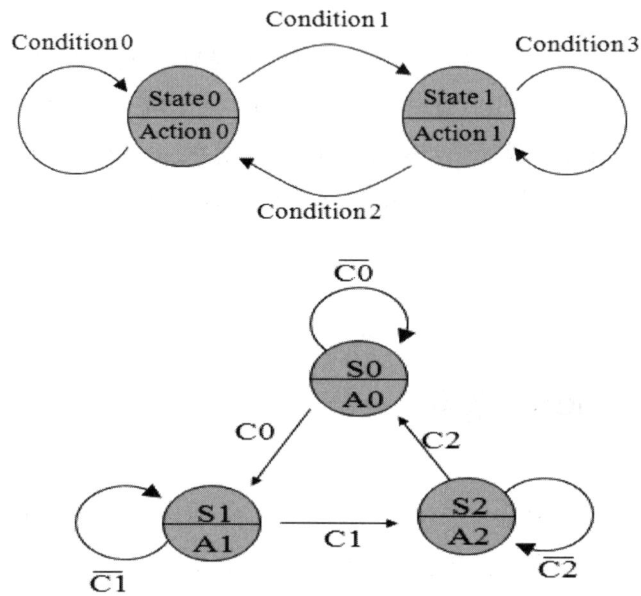

S0: Far from the ball A0: Move behind the ball
S1: Behind the ball A1: Turn to the destination
S2: Kicking the ball A2: Kick the ball

```
switch(flag){
    case 0: //S0 state
            Do A0;
            If C0, then move to S1;
            break;
    case 1: //S1 state
            Do A1;
            If C1, then move to S2;
            break;
    case 2: //S2 state
            Do A2;
            If C2, then move to S0;
            break;
}
```

C0: When robot has arrived at the position behind the ball
C1: When robot's direction is to the destination
C2: When robot is out of the kickable region

[그림 6.1] Shoot 함수를 위한 state Machne

필드에서 A영역에서는 상대방의 골대로 볼을 차기 위해 각을 정해야 하고 나머지 지역에서는 자기 골대로 볼이 접근하지 못하도록 각을 정해줘야 한다.

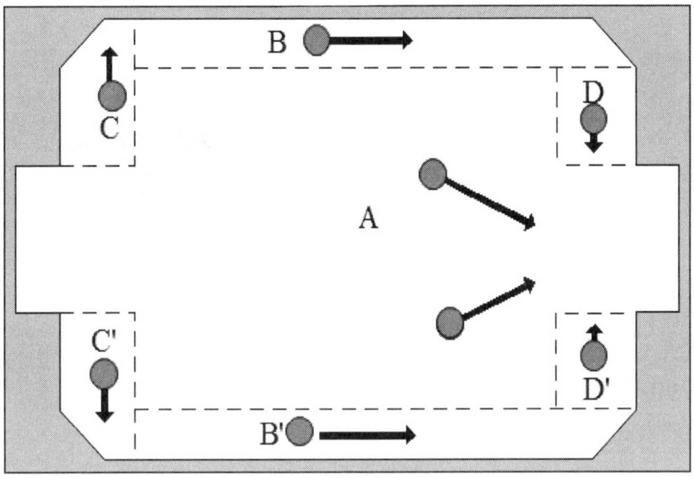

[그림 6.2] Shoot 함수를 위한 경기장 구간 설정

< State 0 >

로봇이 상대방 골대로 슛하기 좋은 위치로 움직인다.

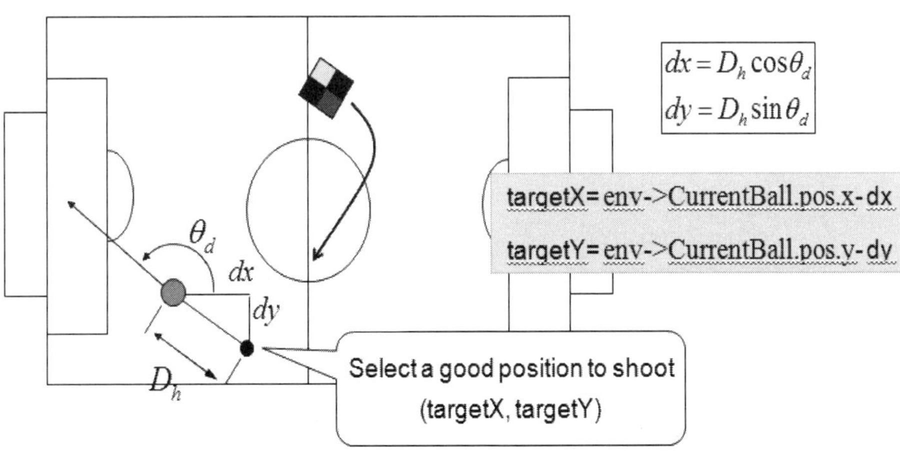

< Condition 0 >

```
If ( √(dx'*dx'+dy'*dy') < Dc ) {
    Move to State 1;
}
```

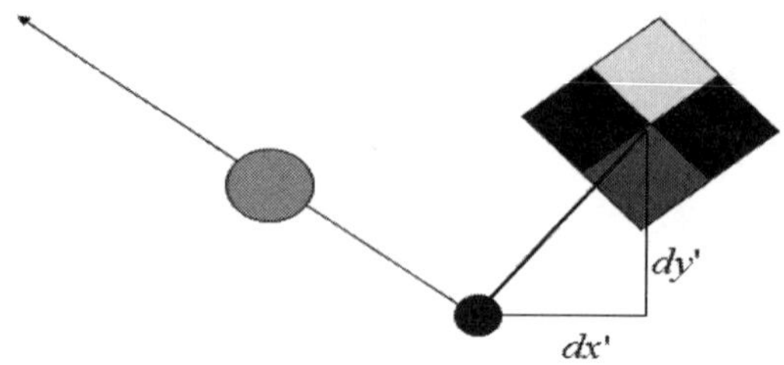

< State 1, Condition1 >

Angle 함수를 이용하여 로봇의 각을 조절한다.

```
If ( fabs(θe) < Ad ) {
    Move to State 2;
}
```

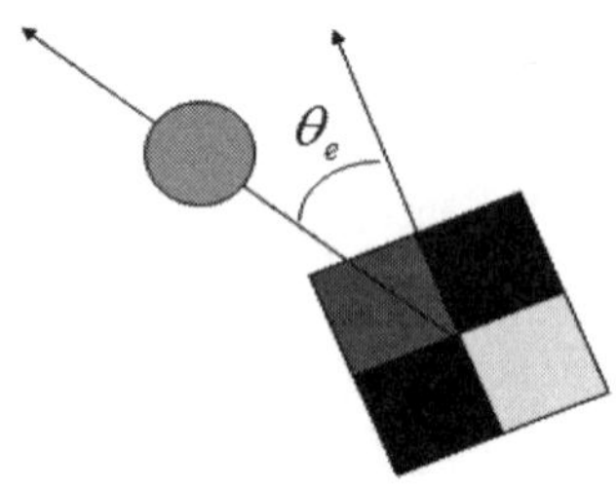

< State 2 >

Position 함수를 이용하여 빠른 속도로 볼에 접근하여 슛을 한다.

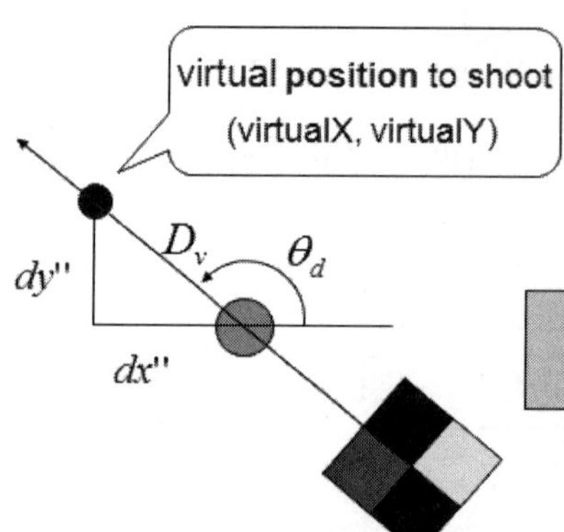

$$dx'' = D_v \cos \theta_d$$
$$dy'' = D_v \sin \theta_d$$

```
virtualX= env->currentBall.pos.x + dx"
virtualY= env->currentBall.pos.y+ dy"
```

< Condition 2 >

R_k 지역에서 슛하기 좋은 위치로 이동하고, 만약 로봇이 볼 보다 앞에 있으면 그리고 거리가 얼마나 차이가 있는지 결정하여 이동한다.

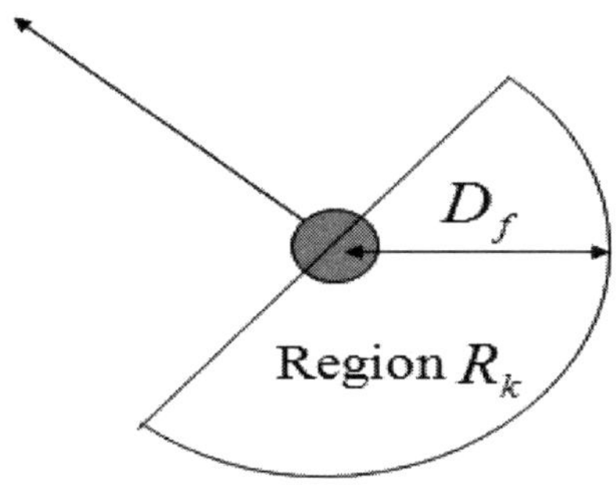


```
void Shoot (Robot *robot, Environment *env)  // Simurosot code
{
    double theta_d;
    double targetX,targetY;
    static int flag;
    //Kicking direction
    // Yellow팀 기준으로 Blue팀쪽에 목표를 지정한다.
    theta_d=180/PI*atan2
    (FCENTERY-env->currentBall.pos.y,  FRIGHTX-env->currentBall.pos.x);

    if(env->currentBall.pos.x  < FLEFTX+10.0)
    {
            //If the ball is in region C'
            if(env->currentBall.pos.y< GBOTY)
                    theta_d = -90.;
            //If the ball is in region C
            else if( env->currentBall.pos.y > GTOPY)
                    theta_d = 90.;
    }
    //If the ball is in region B or B'
    else if( env->currentBall.pos.x  > FLEFTX+10.0  )
```

```
    {
            if(env->currentBall.pos.y > FTOP-10 || env->currentBall.pos.y < FBOT+10 )
            {
                    theta_d  = 0.;
            }
    }
    //If the ball is in region D or D'
    else if( env->currentBall.pos.x < FRIGHTX-10.0 )
    {
            //If the ball is in region D'
            if(env->currentBall.pos.y > FBOT+10 && env->currentBall.pos.y< GBOTY)
                    theta_d = 90.;
            //If the ball is in region D
            else if
            (env->currentBall.pos.y < FTOP-10  && env->currentBall.pos.y> GTOPY)
                    theta_d = -90.;
    }

    double dx=3.0*(double)cos(theta_d*PI/180.0);
    double dy=3.0*(double)sin(theta_d*PI/180.0);

    targetX= env->currentBall.pos.x - dx;
    targetY= env->currentBall.pos.y - dy;

    double RtoT_dx=targetX-robot->pos.x;
    double RtoT_dy=targetY-robot->pos.y;
    double RtoT_dis=sqrt(RtoT_dx*RtoT_dx + RtoT_dy*RtoT_dy);

    double BtoR_dx=env->currentBall.pos.x - robot->pos.x;
    double BtoR_dy=env->currentBall.pos.y - robot->pos.y;

    double theta_e = (double)(180. / PI * atan2((double)(BtoR_dy), (double)(BtoR_dx)));

    double BtoT_dx=env->currentBall.pos.x-FRIGHTX;
    double BtoT_dy=env->currentBall.pos.y-FCENTERY;
    double Des_v = sqrt(BtoT_dx*BtoT_dx + BtoT_dy*BtoT_dy);
```

```
double RtoDes_dx = (Des_v)*(double)cos(theta_d*PI/180.0);
double RtoDes_dy = (Des_v)*(double)sin(theta_d*PI/180.0);

double Virtual_target_X=env->currentBall.pos.x + RtoDes_dx;
double Virtual_target_Y=env->currentBall.pos.y + RtoDes_dy;

switch(flag)
{
case 0: //S0 state
        if(RtoT_dis<2.0)
        {
                flag=1;
        }
        else
        {
                Position(robot,targetX,targetY,100,env);
        }
        break;
case 1: //S1 state
        //Rotate to the destination by using "Angle()";
        while( theta_e> 180 )
                theta_e -=360;
        while( theta_e<-180 )
                theta_e +=360;

        //Change the front with the rear
        if(theta_e>90)
                theta_e = theta_e-180;
        else if(theta_e<-90)
                theta_e = theta_e+180;

        if(fabs(theta_e)<5)
        {
                flag=2;
        }
```

```
                else
                        Angle(robot,theta_e);

                //If the robot's direction is to the destination, move to State2;
                break;
        case 2: //S2 state

                //Calculate the distance between the ball and the robot
                //Calculate the angle between the destination vector
                //and the vector from the ball to the robot
                double theta_e2 = theta_d - 180./PI*atan2(BtoR_dy,BtoR_dx);
                //Restrict the range of angle to [-180,180] Deg
                while( theta_e2> 180. )
                        theta_e2 -=360.;
                while( theta_e2<-180. )
                        theta_e2 +=360.;

                //Kick the ball by using "Position()";
                if(sqrt(BtoR_dx*BtoR_dx + BtoR_dy*BtoR_dy) < 4 )
                        Position(robot,Virtual_target_X,Virtual_target_Y,100,env);
                else if(sqrt(BtoR_dx*BtoR_dx + BtoR_dy*BtoR_dy) > 4 || fabs(theta_e2)<90.0 )
                        flag = 0;
                //If the robot is out of the kickable region, move to State0;
                break;
        }
}
```

Mirosot code에서는 MakeVelocityMoving 함수를 호출하여 MakeVelocity-Moving 함수 안에서 로봇의 가속구간과 감속구간을 측정하여 각속도와 선속도를 결정한다. 또한 로봇과 볼과의 거리, 앞, 뒤를 구분하여 로봇이 어느 정도의 속도로 감속 또는 가속하여 볼에 접근하고, 상대편 골대로 슛하기 위한 적정 위치로 속도를 정하여 위치를 정하고 슛을 하도록 한다.

```
void CKinggoDlg::MotionController() // Mirosot code
{
      BYTE RobotID;
      for(RobotID = 2; RobotID <= MAX_ROBOT; RobotID++)
      {
       MakeVelocityMoving(RobotID, g_byVelFlag[RobotID]);
     }
}
```

6.2 Goalie 함수 구현 I

실제 축구에서와 마찬가지로 로봇 축구에서도 골키퍼의 역할이 매우 중요하다. 여기서는 수비의 대부분을 차지하는 골키퍼 함수와 로봇이 벽에 걸려 움직이지 못할 때 사용하는 벽처리 함수에 대해서 알아본다. 프로그램 설명은 해당되는 부분에 부분별로 나타내었다.

골키퍼의 역할은 골영역에 들어온 공을 걷어내고, 상대방 로봇이 슛한 공을 막아내는 것이다. 공격수 로봇들이 공격을 잘한다 하더라고 골키퍼가 공을 막아내지 못하면 전체 로봇 축구 시스템의 성능은 떨어진다. 그러므로 골키퍼의 역할은 전체 로봇 축구 시스템에서 대단히 중요하다. 이런 골키퍼 함수를 어떻게 구현하는지에 대해서 알아본다. 여기서 보이는 것은 하나의 예이고 다른 방법으로도 구현할 수 있을 것이다.

그림 6.3은 공의 위치에 따라서 골키퍼가 취해야 하는 행동을 결정하기 위하여 골과 공 사이의 거리를 세 단계로 나누었다.

즉, 공이 골대에서 멀리 있을 때, 중간거리에 있을 때, 가까이 있을 때에 따라 골키퍼의 움직임은 달라야 한다. 기본적으로 공이 골대에서 멀리 있을 때는 골키퍼는 골대영역의 중앙에 위치한다. 그러다가 공이 골대영역으로 다가올 때 공의 위치에 따라서 골키퍼는 움직여야 한다. 좀 더 정밀한 제어를 위해서는 공이 멀리서부터 골대영역으로 빨리 다가올 때 공의 도착지점을 예측하여 미리 그 지점으로 골키퍼가 이동해 있어야 한다.

기본적으로 골키퍼는 골대영역에 평행한 직선으로 움직이면 된다. 즉, 골대에서 X축으로 몇 cm 떨어진 위치에서 그 선을 따라서 공의 상태 및 위치에 따라서 Y축 방향으로 움직이면 된다. 먼저 공의 상태에 따른 골키퍼의 움직임에 대해서 살펴보자.

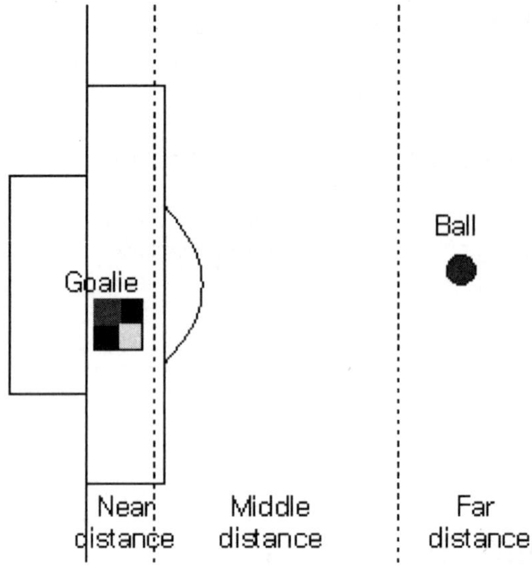

[그림 6.3] 골과 공사이의 거리 구분

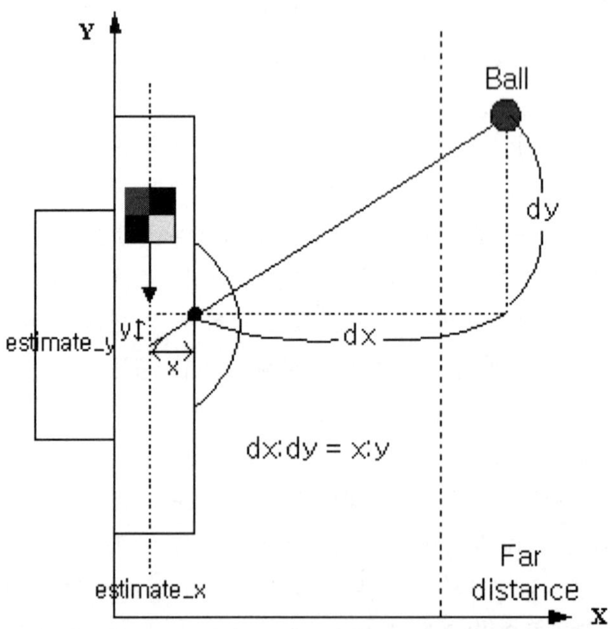

[그림 6.4] 공이 골대영역에서 멀리 위치할 때

그림 6.4는 공이 골대영역에서 멀리 있을 때 골키퍼가 이동해가야 하는 지점을 나타낸다. 처음에 골키퍼는 골대영역과 평행한 직선 상에서 골대영역의 중앙에 위치한다. 즉, 골키퍼의 초기 위치는(FLEFTX+G_OFFSET, FCENTERY)이다. G_OFFSET는 프로그램에서 상수값으로 설정하며, 그 상수값을 G_OFFSET으로 정하자. 그리고 경기장의 경계선을 정하는 것에 따라서 좌표계가 조금씩 이동하므로 이 값은 경기장의 경계선을 정할 때 조금씩 조절해야 한다. FCENTERY는 Y 좌표계에서 경기장 크기의 절반인 값이며, 15cm는 X 좌표계에서 골대영역의 값이다.

공이 멀리서 빨리 다가오면 골키퍼 로봇은 공이 도달할 지점으로 가 있는 것이 유리하다. 공이 멀리서 다가오므로 공의 Y 좌표를 따라서 많이 움직일 필요는 없고, 그림 6.4에 나타낸 원리로 초기 위치인 골대 영역 중앙에서 약간만 이동하면 된다. 그림 6.4에서 dx와 dy는 다음과 같다.

$$
\begin{aligned}
dx &= Ball_x - 15 \\
dy &= Ball_y - FCENTERY
\end{aligned}
\tag{6.1}
$$

여기서 $Ball_x$와 $Ball_y$는 각각 공의 X, Y 좌표값이다.

식 (6.1)과 삼각형의 비례식을 이용하면 로봇이 이동할 y값은 다음과 같이 구할 수 있다.

$$
\begin{aligned}
dx : dy &= x : y \\
y &= \frac{dy}{dx} x
\end{aligned}
\tag{6.2}
$$

여기서 x는 FLEFTX+G_OFFSET이 된다. 로봇이 이동해가야 하는 Y 좌표는 estimate_y = FCENTERY+y 가 된다. 공이 먼 거리에서 골대영역으로 다가올 때 로봇이 위치해야 하는 좌표는 (FLEFTX+G_OFFSET, estimate_y) = (FLEFTX+G_OFFSET, FCENTERY+y)가 된다.

위와 같은 방법으로 구현하지 않고 골키퍼 로봇을 골대의 중앙에 위치시켜도 되지만 공이 매우 빨리 골대로 다가올 경우는 위와 같은 경우를 고려하는 것이 공을 막기에는 더 유리한 방법이다. 즉, 공이 먼 거리에 있을 때 골키퍼 로봇은 골대 중앙에 놓이게 되고 공의 위치에 따라서 약간씩만 움직인다.

그림 6.5는 공이 중간거리에 있을 때를 나타낸다.

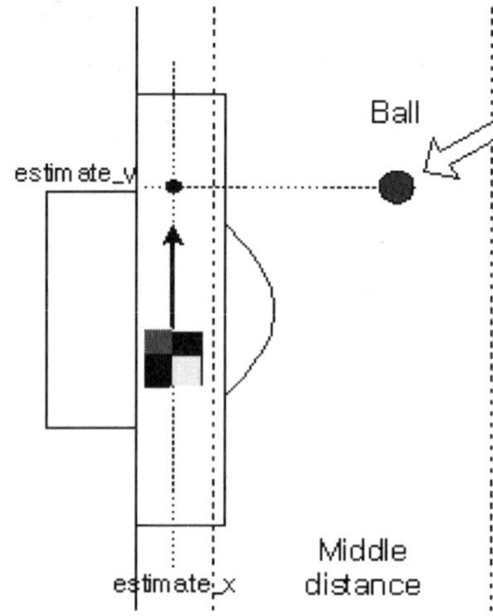

[그림 6.5] 공이 골대영역에서 중간거리에 위치할 때

공이 먼 거리에 있다가 중간거리내로 들어오면 로봇은 공의 Y 좌표값을 따라서 이동한다. 즉, 골키퍼가 이동해야 하는 좌표는 (estimate_x, estimate_y) = (FLEFTX+G_OFFSET, env->CurrentBall.pos.y) 이다. 여기서 env->CurrentBall. pos.y은 공의 Y 좌표값이다. 공이 골대영역 근처에 위치할 때를 그림 6.6에서 나타내었다.

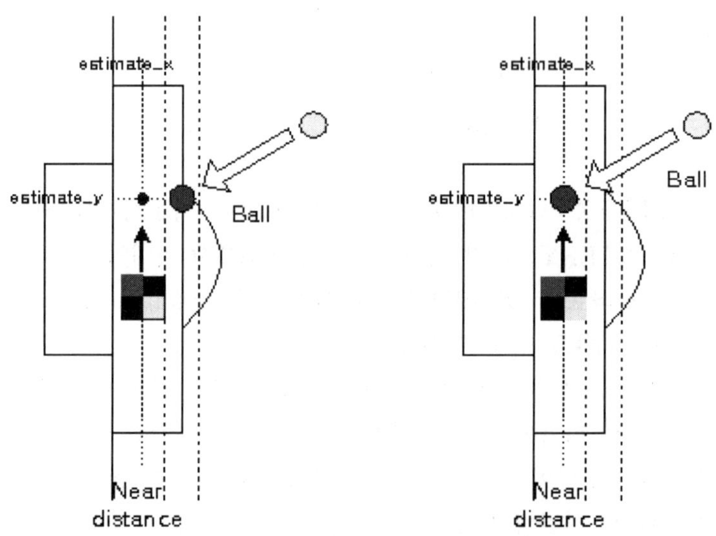

(a) 공이 골대영역 가까이 위치할 때 (b) 공이 골대영역 내부에 위치할 때

[그림 6.6] 공이 골대영역 근처에 있을 때

여기서 다시 공이 골대영역 가까이 위치할 때와 공이 골대영역 내부에 위치할 때의 두 가지로 나누었다. 공이 골대영역 가까이 위치할 때는 공이 중간거리에 위치할 때와 마찬가지로 공의 Y 좌표를 따라서 움직이면 된다.

그러나 공이 골대영역에 들어오면 골키퍼는 공을 차내야 하므로 이 경우에 골키퍼는 공을 향해 이동한다. 이 경우 골키퍼가 이동해야 하는 좌표는 (estimate_x, estimate_y) = (env->CurrentBall.pos.x, env-> CurrentBall.pos.y) 이다. 하지만 골키퍼는 골대영역 내에서 움직여야 한다. 공의 Y 좌표가 골대와 멀리 떨어져 있을 때는 골대영역 경계선으로 이동하면 된다.

즉, 골키퍼가 이동할 Y 값의 상한과 하한의 좌표를 정해야 한다. 이런 방법으로 골키퍼를 움직이게 하면 불필요한 움직임을 줄일 수 있다. 이러한 위쪽과 아래쪽 경계지점을 그림 6.7에 나타내었다.

골키퍼 로봇의 프로그램은 다음과 같이 세 가지 블록으로 나누어진다.

```
void Goalie(Robot *robot, Environment *env)
{
    /* 1. 공의 위치에 따라서 로봇이 이동할 위치를 결정하는 부분 */
    /* 2. 골키퍼 로봇을 제어하는 부분 */
    /* 3. 골키퍼 로봇의 예외처리 부분 */
}
```

Goalie 함수를 살펴보면 먼저 공의 위치에 따라서 로봇이 이동할 위치를 계산하고 난 후에 이런 지점으로 골키퍼 로봇을 움직이게 한다. 골키퍼 로봇을 제어하는 함수에서 로봇이 이동할 위치가 결정되면 그 지점으로 로봇을 이동시킨다. 골키퍼 로봇이 이동을 하다가 경기장 벽에 걸리는 경우가 생기는 데 이를 예외처리 함수에서 처리하게 한다.

예외처리 함수에서는 골키퍼가 경기장 옆벽에 걸리는 경우에 골대의 중앙으로 로봇의 방향을 움직이게 하며 골대 내부 벽에 걸렸을 경우에는 골대 중앙으로 이동하게 한다. 골키퍼 프로그램은 내부 함수들이 순서대로 실행되므로 예외처리 함수가 가장 마지막에 동작한다. 결국, 이 부분을 마지막에 수행함으로써 정상적인 골키퍼 동작을 하던 로봇이 벽에 걸리는 경우에 벽에서 벗어나게 할 수 있다.

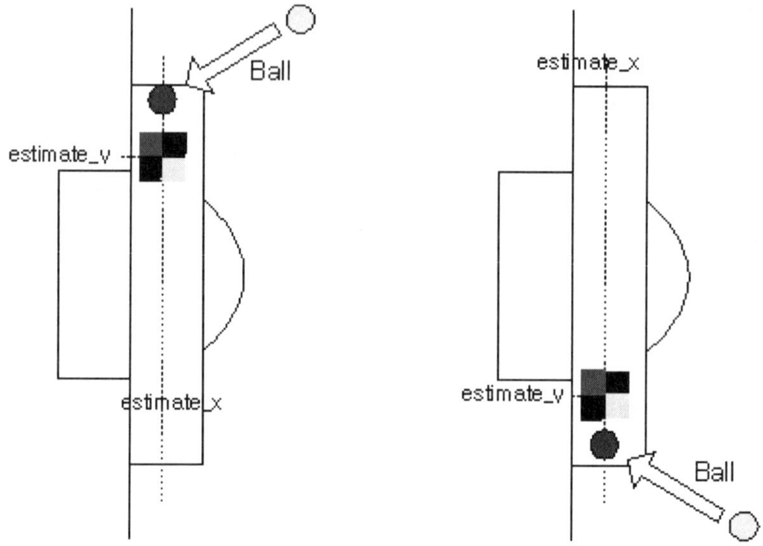

[그림 6.7] 골키퍼가 움직일 경계선 설정

위에서 설명한 공의 위치에 따른 골키퍼 로봇이 이동할 지점을 프로그램으로 나타내면 다음과 같고, 이 부분을 블록(Block) 1이라 하자.

```
#define G_ANGLE_BOUND           60   // 골키퍼의 예외처리를 위한 각도 크기
#define G_BOUND                 8.0  // 골키퍼의 예외처리를 위한 x 좌표값
#define G_LENGTH                20   // 골대 길이
void Goalie(Robot *robot, Environment *env)  // 골키퍼 함수 이름
{
    double estimate_x,estimate_y, dx, dy;    // 변수 설정

    if(env->CurrentBall.pos.x > 60)  // 공의 거리가 멀 때
    {
            estimate_x = 0.0 + FLEFTX+G_OFFSET;// 골키퍼가 움직일 x 좌표값
            estimate_y=FCENTERY-((FCENTERY-
          env->CurrentBall.pos.y)/(env->CurrentBall.pos.x-15)  *(FLEFTX+G_OFFSET));
                                   // 골키퍼가 움직일 y 좌표값
    }
    else if(env->CurrentBall.pos.x > 15)      // 공의 거리가 중간일 때
```

```
        {
                estimate_x = 0.0 + FLEFTX+G_OFFSET;// 골키퍼가 움직일 X 좌표값
                estimate_y = env->CurrentBall.pos.y;
                                        // 골키퍼가 움직일 Y 좌표값(=공의 Y 좌표값)
        }
        else                            // 공의 거리가 가까울 때
        {
                estimate_x = 0.0 + FLEFTX+G_OFFSET; // 골키퍼가 움직일 X 좌표값
                estimate_y = env->CurrentBall.pos.y; // 골키퍼가 움직일 Y 좌표값
        }

        if(fabs(env->CurrentBall.pos.x-robot->pos.x)<4.0 && env->CurrentBall.pos.x<10)
        {                               // 공이 골대영역에 들어섰을 때
                estimate_x = env->CurrentBall.pos.x;
                estimate_y = env->CurrentBall.pos.y;
                                        // 골키퍼가 이동할 좌표는 공의 좌표가 된다.
        }

        if( estimate_y > (FCENTERY+G_LENGTH/2.0) )
                        estimate_y = FCENTERY+G_LENGTH/2.0+4.0;
                                        // 골키퍼가 이동하는 Y 좌표값의 최대값 설정
        if( estimate_y < (FCENTERY-G_LENGTH/2.0) )
                        estimate_y = FCENTERY-G_LENGTH/2.0-4.0;
                                        // 골키퍼가 이동하는 Y 좌표값의 최소값 설정
```

이상으로 공의 위치에 따라서 골키퍼 로봇이 이동해 가야 할 지점(estimate-x, estimate_y)들을 구하였다.

다음은 이러한 지점으로 골키퍼를 이동시키기 위한 방법에 대하여 알아본다. 위에서 구한 지점으로 골키퍼를 이동시키기 위해 Position 함수를 이용한다. Position 함수를 이용한다 하더라도 이동할 지점과 골키퍼 로봇의 거리가 멀 때는 직진 이동 제어가 쉽지 않으므로 X 좌표값이 G_OFFSET인 직선 위를 따라서 곧바로 움직이지 못하는 경우가 있다. 이를 해결하기 위해서 골키퍼가 이동할 목표지점을 현재 골키퍼의 위치에서 조금씩 증가 또는 감소시킨 값으로 정한다. 즉, 이동할 Y 좌표값이 현재 골키퍼의 Y 좌표값

보다 큰 경우에는 이동좌표를 현재 골키퍼 로봇의 Y 좌표값보다 조금 큰 값으로 정한다. 이동할 Y 좌표값이 골키퍼의 Y 좌표값보다 작은 경우에는 골키퍼가 이동할 목표지점을 현재 골키퍼의 Y 좌표값보다 조금 작게 지정한다.

이렇게 함으로써 골키퍼 로봇이 직선을 따라서 곧바로 이동하게 된다. 그리고 골키퍼가 목표지점 근처에 도달했을 경우에는 그 위치에서 ±90°의 각을 유지하면서 머물러 있으면 된다. 이를 위해서는 로봇의 각을 유지하게끔 하는 함수 Angle을 이용한다. 그리고 골키퍼 로봇이 공보다 바로 앞쪽에 위치할 때는 자살골을 방지하기 위해서 멈추게 한다. 위에서 설명했던 골키퍼 로봇을 움직이게 하는 부분을 다음과 같이 프로그래밍하였고, 이를 블록 2라 하자.

```
int angle, dir=1, r_angle;                    // 변수 선언
    r_angle = robot->Vector3D_Angle;          // 골키퍼 로봇의 각측정
    while(r_angle > 180)  // 골키퍼 로봇의 각도를 ±180° 이내로 제한
            r_angle -= 360;
    while(r_angle < -180)
            r_angle += 360;

    if ((r_angle>40 && r_angle<180-40 && estimate_y>robot->pos.y) || (r_angle>-130 &&
r_angle<-40 && estimate_y>robot->pos.y))
                    // 골키퍼가 이동할 Y좌표가 골키퍼의 Y좌표보다 클 때
            Position(robot, estimate_x, robot->pos.y+2.5,env);
                    // 현재 위치에서 +2.5cm Y좌표로 이동
    else if(( r_angle>40 && r_angle<180-40 && estimate_y<robot->pos.y) ||
(r_angle>-130 && r_angle<-40 && estimate_y<robot->pos.y))
                    // 골키퍼가 이동할 Y좌표가 골키퍼의 Y좌표보다 작을 때
            Position(robot, estimate_x, robot->pos.y-2.5,env);
                    // 현재 위치에서 -2.5cm Y좌표로 이동
    if(env->CurrentBall.pos.x<robot->pos.x&&fabs(env->CurrentBall.pos.x-
    robot->pos.y)<4.0)
    // 골키퍼가 공의 바로 앞쪽에 있을 때, 자살골 방지를 위해 골키퍼를 정지함
            Velocity(robot,0,0);
    // X 좌표에서 골키퍼가 이동할 좌표와 골키퍼 위치와의 거리차
    dx = estimate_x - robot->pos.x;
    // Y 좌표에서 골키퍼가 이동할 좌표와 골키퍼 위치와의 거리차
```

```
	dy = estimate_y - robot->pos.y;

	if(dx==0 && dy==0)
		angle = 90;		// 골키퍼가 이동할 좌표에서 각도 계산
	else
		angle = (int)(180/M_PI*atan2((double)(dy),(double)(dx)));

	while(angle >180)  {angle -= 360,		dir = -1; }
	} // 구한 각도가 180° 보다 클 때 -180° 이내로 제한하고 방향을 설정하는 변수에 반
대 방향임을 저장(-1), 이를 나중에 Angle 함수에 적용
	while(angle <-180) {angle += 360, dir = -1;		}
	// 구한 각도가 -180° 보다 클 때 180° 이내로 제한하고 방향을 설정하는 변수에 반대
방향임을   저장(-1), 이를 나중에 Angle 함수에 적용

	if( (dx*dx+dy*dy < 1.6*1.6) && (fabs(dx)<2.2) && fabs(dy)<2.0 )
	// 골키퍼가 이동할 거리가 1.6cm 이내이고 X 좌표차가 2.2cm 이내이고, Y 좌표차가
2cm 이내일 때
			Angle(robot, dir*90);
	// 골키퍼 로봇의 방향에 따라서 ±90° 각도를 유지
```

지금까지 보인 방법은 하나의 예이고 다른 점들도 고려될 수 있다. 그리고 위에서 공의 거리를 먼 거리, 중간 거리, 근접 거리로 나누었는데 이런 기준도 설계자의 의도에 알맞게 설정해야 한다. 예제 프로그램에서는 골키퍼 로봇이 이동하기 위해서 Position 함수를 사용한다. 위에서 설명한 것 이외에도 골키퍼 로봇이 경기장의 벽에 걸렸을 때 이를 빠져 나오게 하는 함수를 만들어야 한다.

그림 6.8은 골키퍼가 골대영역에서 벽에 걸렸을 때 처리하는 방법을 나타낸다. 크게 골키퍼가 골대 안에 들어가서 못 나올 경우와 골대영역의 벽에 걸려서 못 움직이는 경우가 있다. 그림에서 화살표는 로봇이 이동해야 하는 방향이다. 골키퍼가 골대영역의 벽에 걸렸을 때는 골키퍼의 각을 조사하여 각 상황에 맞게 로봇을 움직이면 되고, 골키퍼가 골대영역 내부에서 못 빠져 나올 때는 골대영역 중심으로 이동하면 된다.

그림 6.8의 왼쪽의 경우가 골키퍼가 골대영역의 내부 벽에 걸렸을 때 로봇이 이동할 위치를 나타내며, 그림 6.8의 오른쪽은 골키퍼가 골대영역의 벽에 걸렸을 때 로봇이 움직여야 할 각도를 나타낸다. 이를 프로그램으로 구현하면 다음과 같고, 이를 블록 3이라 하자.

이에 대한 좀더 자세한 설명은 다음절의 벽처리 함수인 AvoidBound 함수에서 한다.

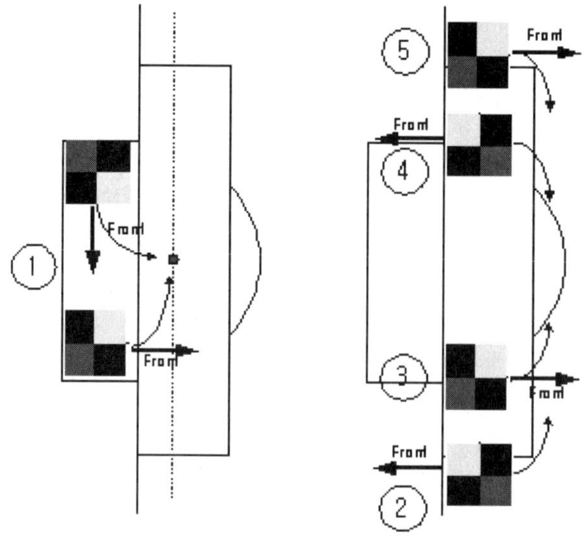

[그림 6.8] 골키퍼 움직임의 예외처리

```
while(robot->Vector3D_Angle >180)  robot->Vector3D_Angle -= 360;
    while(robot->Vector3D_Angle <-180) robot->Vector3D_Angle += 360;
                    // 골키퍼 로봇의 각도를 ±180° 이내로 제한
    if(robot->pos.x < 0.0)
                    // 골키퍼 로봇이 골대 안에 위치할 경우
            Position(robot, FLEFTX+G_OFFSET, FCENTERY);
                    // 골대영역의 중앙으로 이동
    else
    {
                    // 골키퍼 로봇의 절대 각도를 저장
            angle = abs(robot->Vector3D_Angle);
                    // 골키퍼 로봇의 Y좌표가 FCENTERY 보다 작을 때
            if(robot->pos.y<65.0)
            {
            if(angle > 180 - G_ANGLE_BOUND && robot->pos.x < 0.0 + G_BOUND)
                    // 골키퍼 로봇의 각도가 180° 근처이고  벽에 붙어 있을 때,
                            Velocity(robot, -17, -1);
```

```
                    // 왼쪽 바퀴를 뒤쪽 방향으로 빨리 돌림
    else if(angle < G_ANGLE_BOUND && robot->pos.x < 0.0 + G_BOUND)

    // 골키퍼 로봇의 각도가 0° 근처이고 벽에 붙어 있을 때,
                            Velocity(robot, 1, 17);
                            // 오른쪽 바퀴를 앞쪽으로 빨리 돌림
            }
            else    // 골키퍼 로봇의 Y좌표가 FCENTERY 보다 클 때
            {
    if(angle > 180 - G_ANGLE_BOUND && robot->pos.x < 0.0 + G_BOUND)
                    // 골키퍼 로봇의 각도가 180° 근처이고 벽에 붙어 있을 때,
                            Velocity(robot, -1, -17);
                            // 오른쪽 바퀴를 뒤쪽으로 빨리 돌림
    else if(angle < G_ANGLE_BOUND && robot->pos.x < 0.0 + G_BOUND)

    // 골키퍼 로봇의 각도가 0° 근처이고 벽에 붙어 있을 때,
                            Velocity(robot, 17, 1);
                            // 왼쪽 바퀴를 앞쪽으로 빨리 돌림
            }
    }
```

다음은 위에서 설명한 함수들을 종합하여 골키퍼를 구현한 Goalie 함수이다. 내부의 블록 1, 2, 3은 앞에서 설명하였다.

```
#define G_ANGLE_BOUND       60      // 골키퍼의 예외처리를 위한 각도 크기
#define G_BOUND             8.0     // 골키퍼의 예외처리를 위한 X 좌표값
#define G_LENGTH            20      // 골대 길이
void Goalie(Robot *robot, Environment *env)
{
    double estimate_x,estimate_y, dx, dy;
    int angle, dir=1, r_angle;              // 변수 설정

    블록 1;                                 // 골키퍼가 이동할 위치 지정
    블록 2;                                 // 골키퍼 로봇의 위치제어
```

```
        블록 3;                                  // 골키퍼 로봇의 예외처리 함수
    }
```

지금까지 설명한 것은 골키퍼를 구현하는 하나의 예이다. 그러므로 다른 방법으로 골키퍼 로봇의 움직임을 구현할 수 있다. 그리고 실제 공은 매우 빨리 움직일 경우도 있으므로 골키퍼의 정확한 움직임을 위해서는 공의 이동궤적을 추정하기 위한 예측기도 필요하다.

다음은 위의 설명을 기초로한 Simurosot code이다.

```
void Keeper(Robot *robot, Environment *env) // Simurosot code
{
double Ball_x = env->currentBall.pos.x;
double Ball_y = env->currentBall.pos.y;

if( robot->pos.y > GTOPY )
     Position(robot,FRIGHTX-2.5,GTOPY-1.0,125,env);
else if ( robot->pos.y < GBOTY )
     Position(robot,FRIGHTX-2.5,GBOTY+1.0,125,env);
if(Ball_x < FCENTERX )
{
     if(Ball_y > GBOTY && Ball_y < GTOPY )
     {
               if(robot->pos.x > FRIGHTX-3.0 && robot->pos.x < FRIGHTX-1.0 )
               {
                         if(robot->pos.y < Ball_y+0.3 && robot->pos.y > Ball_y-0.3 )
                                   Angle(robot,90);
                         else
                                   Position(robot,FRIGHTX-2.5,Ball_y,125,env);
               }
               else
                         Position(robot,FRIGHTX-2.5,Ball_y,125,env);
     }
     else
```

```
                Position(robot,FRIGHTX-2.5,FCENTERY,125,env);
    }
    else if(Ball_x > FCENTERX && Ball_x < FRIGHTX-5.0)//FRIGHTX-10.0 )
    {
        if( Ball_y < GBOTY-5.0 )
                Position(robot,FRIGHTX-2.5,GBOTY,125,env);
        else if(Ball_y > GTOPY+5.0)
                Position(robot,FRIGHTX-2.5,GTOPY,125,env);
        else
                Position(robot,FRIGHTX-2.5,Ball_y,125,env);
    }
    else
    {
        if(Ball_y > GTOPY+10.0 )
                Position(robot,FRIGHTX-2.5,GTOPY,125,env);
        else if(Ball_y < GBOTY-10.0 )
                Position(robot,FRIGHTX-2.5,GBOTY,125,env);
        else if(Ball_y < GTOPY+10.0 && Ball_y > FCENTERY )
                Position(robot,Ball_x+0.7,Ball_y+3.0,125,env);
        else if(Ball_y > GBOTY-10.0 && Ball_y < FCENTERY )
                Position(robot,Ball_x+0.7,Ball_y-3.0,125,env);
    }
    }
```

다음은 Mirosot code 의 골기퍼 함수이다.

```
    void CKinggoDlg::Keeper(RobotID) // Mirosot code
    {
    if(Ball_x >FCENTERX )
            //볼의 X좌표가 필드 중앙을 넘어갔을 때 상대방 진영으로 RIGHT SIDE쪽으로
      {
        if(Ball_y > FIELD_GOAL_TOP && Ball_y < FIELD_GOAL_BOT )
            //볼의 Y좌표가 FIELD_GOAL_TOP과 FIELD_GOAL_BOT 사이에 있을 때
        {
```

```
        g_dMyRobotGoal[RobotID][0]=FIELD_LEFT_IN+5.0f;
//로봇의 X좌표가 목표로 할 곳은 FIELD_LEFT_IN+5.0
        g_dMyRobotGoal[RobotID][1]=FCENTERY;
//로봇의 Y좌표가 목표로 할 곳은 필드 중앙
        g_dMyRobotGoalVel[RobotID]=0.0f;//로봇이 목표지점에 오면 속도 0.0으로 정지

        }
    else //볼의 Y좌표가 FIELD_GOAL_TOP과 FIELD_GOAL_BOT 사이를 벗어났을 때
        {
        g_dMyRobotGoal[RobotID][0]=FIELD_LEFT_IN+5.0f;
                                        //로봇의 X좌표가 목표로 할 곳은 FIELD_LEFT_IN+5.0
        g_dMyRobotGoal[RobotID][1]=FCENTERY;
                                        //로봇의 Y좌표가 목표로 할 곳은 필드 중앙
        g_dMyRobotGoalVel[RobotID]=0.0f;//로봇이 목표지점에 오면 속도 0.0으로 정지
        }
    }
    else if(Ball_x < FCENTERX && Ball_x < FIELD_GOALLINE_LEFT)
    // 볼의 X좌표가 중앙과 FIELD_GOALLINE_LEFT 사이에 위치했을 때
    {
        if( Ball_y < FIELD_GOALLINE_TOP-5.0 )
    // 볼의 Y좌표가 FIELD_GOALLINE_TOP-5.0 보다 작을 때
        {
        g_dMyRobotGoal[RobotID][0]=FIELD_LEFT_IN+5.0f;
    //로봇의 X좌표가 목표로 할 곳은 FIELD_LEFT_IN+5.0
        g_dMyRobotGoal[RobotID][1]=FIELD_GOALLINE_TOP;
    //로봇의 Y좌표가 목표로 할 곳은 FIELD_GOALLINE_TOP
        g_dMyRobotGoalVel[RobotID]=0.0f;//로봇이 목표지점에 오면 속도 0.0으로 정지
        }
    else if(Ball_y > FIELD_GOALLINE_BOT+5.0)
    // 볼의 Y좌표가 FIELD_GOALLINE_BOT+5.0 보다 클 때
        {
        g_dMyRobotGoal[RobotID][0]=FIELD_LEFT_IN+5.0f;
    //로봇의 X좌표가 목표로 할 곳은 FIELD_LEFT_IN+5.0
        g_dMyRobotGoal[RobotID][1]=FIELD_GOALLINE_BOT;
```

```
//로봇의 Y좌표가 목표로 할 곳은 FIELD_GOALLINE_BOT
        g_dMyRobotGoalVel[RobotID]=0.0f;//로봇이 목표지점에 오면 속도 0.0으로 정지
        }
else
// 볼의 Y좌표가 FIELD_GOALLINE_TOP-5.0 과 FIELD_GOALLINE_BOT+5.0 사이에 있을 때
        {
        g_dMyRobotGoal[RobotID][0]=FIELD_LEFT_IN+5.0f;
//로봇의 X좌표가 목표로 할 곳은 FIELD_LEFT_IN+5.0
        g_dMyRobotGoal[RobotID][1]=Ball_y;
//로봇의 Y좌표가 목표로 할 곳은 볼의 Y좌표
        g_dMyRobotGoalVel[RobotID]=0.0f;//로봇이 목표지점에 오면 속도 0.0으로 정지
        }
}
else // 볼의 X좌표가 FIELD_GOALLINE_LEFT보다 작을 때
{
        if(Ball_y > FIELD_GOALLINE_BOT+5.0 )
// 볼의 Y좌표가 FIELD_GOALLINE_BOT+5.0 보다 클 때
{
        g_dMyRobotGoal[RobotID][0]=FIELD_LEFT_IN+5.0f;
//로봇의 X좌표가 목표로 할 곳은 FIELD_LEFT_IN+5.0
        g_dMyRobotGoal[RobotID][1]=FIELD_GOALLINE_BOT;
//로봇의 Y좌표가 목표로 할 곳은 FIELD_GOALLINE_BOT
        g_dMyRobotGoalVel[RobotID]=0.0f;//로봇이 목표지점에 오면 속도 0.0으로 정지
        }
else if(Ball_y < FIELD_GOALLINE_TOP-5.0 )
// 볼의 Y좌표가 FIELD_GOALLINE_TOP-5.0 보다 작을 때
        {
        g_dMyRobotGoal[RobotID][0]=FIELD_LEFT_IN+5.0f;
//로봇의 X좌표가 목표로 할 곳은 FIELD_LEFT_IN+5.0
        g_dMyRobotGoal[RobotID][1]=FIELD_GOALLINE_TOP;
//로봇의 Y좌표가 목표로 할 곳은 FIELD_GOALLINE_TOP
        g_dMyRobotGoalVel[RobotID]=0.0f;//로봇이 목표지점에 오면 속도 0.0으로 정지
        }
else if(Ball_y < FIELD_PENAL_BOT && Ball_y > FCENTERY )
```

```
//볼의 Y좌표가 FIELD_PENAL_BOT 보다 작고 FCENTERY보다 클 때
{
    g_dMyRobotGoal[RobotID][0]=FIELD_LEFT_IN+5.0f;
//로봇의 X좌표가 목표로 할 곳은 FIELD_LEFT_IN+5.0
    g_dMyRobotGoal[RobotID][1]=Ball_y+3.0f;
//로봇의 Y좌표가 목표로 할 곳은 볼의 Y좌표 +3.0
    g_dMyRobotGoalVel[RobotID]=0.0f;//로봇이 목표지점에 오면 속도 0.0으로 정지
}
else if(Ball_y > FIELD_PENAL_TOP && Ball_y < FCENTERY )
//볼의 Y좌표가 FIELD_PENAL_TOP 보다 크고 FCENTERY보다 작을 때
{
    g_dMyRobotGoal[RobotID][0]=FIELD_LEFT_IN+5.0f;
//로봇의 X좌표가 목표로 할 곳은 FIELD_LEFT_IN+5.0
    g_dMyRobotGoal[RobotID][1]=Ball_y-3.0f;
//로봇의 Y좌표가 목표로 할 곳은 볼의 Y좌표-3.0
    g_dMyRobotGoalVel[RobotID]=0.0f;//로봇이 목표지점에 오면 속도 0.0으로 정지
    }
}
}
```

6.3 벽처리 함수-AvoidBound( )

로봇들이 경기장 위를 움직이다 보면 벽에 걸려서 못 움직이는 경우가 많다. 이를 위해서 로봇이 벽에 걸렸을 때 처리하는 함수에 대해 알아본다. 로봇이 벽에 걸리는 경우는 경기장 벽의 위쪽과 아래쪽, 왼쪽, 오른쪽의 네 가지로 나눌 수 있다.

이는 골키퍼 로봇이 골 안에 걸렸을 때 처리하는 방법과 같다. 여기서는 이를 하나씩 좀 더 자세히 살펴본다. 로봇이 경기장의 벽에 걸리는 경우를 위아래 벽에 걸렸을 경우, 왼쪽 벽에 걸렸을 경우, 그리고 오른쪽 벽에 걸렸을 경우로 나누어 이때 어떻게 프로그램을 하는지 살펴보기로 한다.

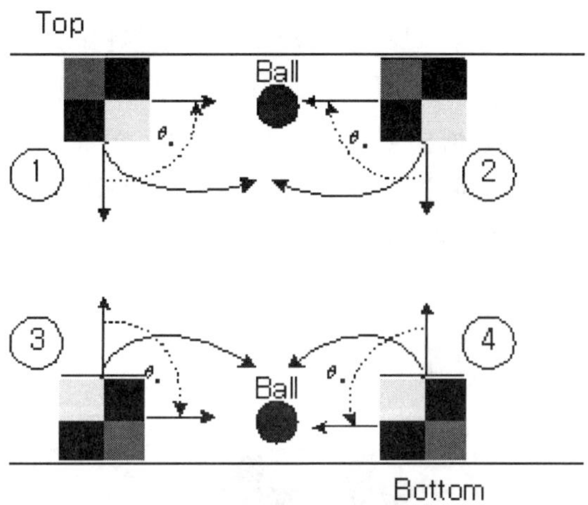

[그림 6.9] 로봇이 위쪽 아래쪽 벽에 걸렸을 때

그림 6.9는 로봇이 위쪽과 아래쪽 벽에 걸렸을 때 로봇이 이동할 방향을 나타낸다. 로봇이 경기장 위쪽 벽에 걸렸을 때 로봇의 방향각이 ±90° 근처일 경우 로봇을 공쪽으로 방향을 돌린다. 로봇이 아래쪽 벽에 걸렸을 때도 마찬가지이다.

그림 6.9의 ①은 로봇이 아래방향 (−Y 방향)으로 향하고 있으며, 즉 $\theta_r = 90°$이고, ②는 윗방향 (+Y 방향)이지만 로봇은 양방향으로 이동 가능하므로 $\theta_r = -90°$이며, ③은 아래방향 (−Y 방향)이다. 그러나 로봇은 양방향으로 이동 가능하므로 $\theta_r = 90°$이고, ④는 윗방향 (+Y 방향)이므로, $\theta_r = 90°$이다. 모든 경우에 로봇은 공쪽으로 방향을 돌리도록 한다.

로봇은 양방향으로 이동이 가능하므로 그림 6.9에서 ①의 경우는 원하는 방향각 $\theta_d = 0°$이고, ②의 경우는 $\theta_d = 180°$, ③의 경우는 $\theta_d = 0°$, ④의 경우는 $\theta_d = 180°$이다. 로봇이 벽에서 떨어져 공쪽으로 방향을 틀기 위해서는 로봇 중심 속도 v_c를 상수 값으로 유지한 상태에서 로봇의 방향각 θ_r과 원하는 방향각 θ_d 사이의 각도 오차 θ_e를 이용하여 로봇을 공쪽으로 이동시킬 수 있다. 이를 식 (6.3)에 나타내었다.

$$\begin{aligned} v_R &= v_c + K_{\text{angle}} \cdot \theta_e \\ v_L &= v_c - K_{\text{angle}} \cdot \theta_e \\ \theta_e &= \theta_d - \theta_r \end{aligned} \tag{6.3}$$

식 (6.3)처럼 v_c를 상수값으로 설정하면 로봇은 벽에서 약간 떨어지면서 방향을 틀어 공쪽으로 움직인다. 실제로 로봇이 벽에 걸렸을 때는 로봇의 방향각이 정확히 90°일 경우뿐만 아니라, 90°에서 어느 정도 벗어나 있을 때도 포함된다. 이를 위해서 각도 범위값인 θ_{bound}를 설정할 필요가 있다. 이를 그림 6.10에서 나타내었다.

그리고 로봇이 벽에 걸렸을 때를 판별하려면 이런 각도의 범위값 뿐만 아니라 벽으로부터의 거리의 범위값도 필요하다. 그림 6.10은 로봇이 거리와 방향각의 범위값들을 가지고 경기장의 위, 아래, 왼쪽, 오른쪽 벽에 걸렸을 때를 나타낸다. 먼저 그림 6.10처럼 로봇이 경기장의 위쪽, 아래쪽 벽에 걸렸을 경우에 프로그램하면 다음과 같고, 이를 블록 1이라 하자.

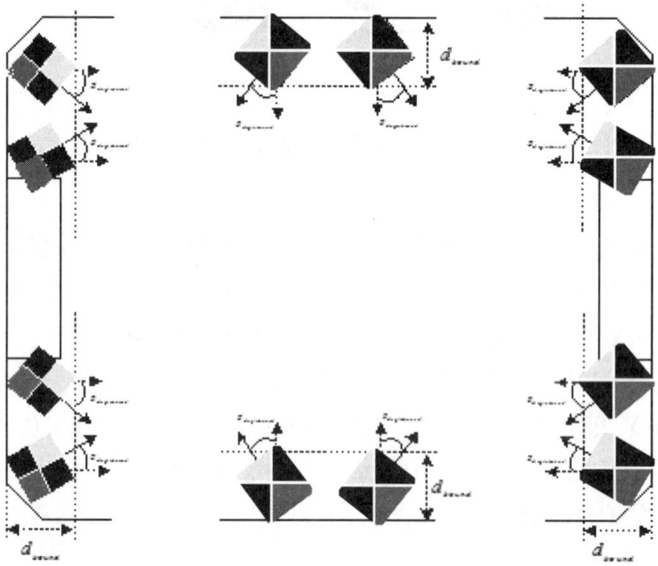

[그림 6.10] 로봇이 각도와 거리 범위내에서 벽에 걸렸을 때

```
#define ANGLE_BOUND 60                        // 각도 범위 선언
    #define DISTANCE_BOUND 9                  // 거리 범위 선언

    int angle_r,angle,theta_e, vl, vr;        // 변수 선언
    double dx, dy;

    dx=env->CurrentBall.pos.x-robot->pos.x; // 공과 로봇간의 X 거리 차
    dy=env->CurrentBall.pos.y-robot->pos.y; // 공과 로봇간의 Y 거리 차
```

```
if(dx==0 && dy==0)  theta_e = 90;          // 공과 로봇이 이루는 각 계산
else                theta_e = (int)(180/M_PI*atan2((double)(dy),(double)(dx)));

angle_r = robot->Vector3D_Angle;           // 로봇의 각도 계산
theta_e -= robot->Vector3D_Angle;
                          // 공과 로봇이 이루는 각과 로봇 방향각과의 각도 오차 계산
while(angle_r>180) angle_r -= 360;         // 로봇의 각도를 ±180° 이내로 제한
while(angle_r<-180) angle_r += 360;

while(theta_e >180)  theta_e -= 360;       // 각도 오차를 ±180° 이내로 제한
while(theta_e <-180) theta_e += 360;

// Top and Bottom side
if(angle_r> -90-ANGLE_BOUND && angle_r < -90+ANGLE_BOUND &&
robot->pos.y> 130.0 - DISTANCE_BOUND ){
// 그림 6.9의 ①의 경우
        vr = (int)(14 +19.0/90.0*theta_e);        // 양의 상수값 v_c,
        vl = (int)(14 -19.0/90.0*theta_e);
        Velocity(robot, vl, vr);
}
else if(angle_r > 90-ANGLE_BOUND && angle_r < 90+ANGLE_BOUND &&
robot->pos.y > 130.0 - DISTANCE_BOUND ){
// 그림 6.9의 ②의 경우
        vr = (int)(-14 +19.0/90.0*theta_e);       // 음의 상수값 v_c,
        vl = (int)(-14 -19.0/90.0*theta_e);
        Velocity(robot, vl, vr);
}
else if(angle_r > -90-ANGLE_BOUND && angle_r < -90+ANGLE_BOUND &&
robot->pos.y < 0.0 + DISTANCE_BOUND ){
// 그림 6.9의 ③의 경우
        vr = (int)(-14 +19.0/90.0*theta_e);       // 음의 상수값 v_c,
        vl = (int)(-14 -19.0/90.0*theta_e);
```

```
            Velocity(robot, vl, vr);
    }
    else if(angle_r > 90-ANGLE_BOUND && angle_r < 90+ANGLE_BOUND &&
    robot->pos.y < 0.0 + DISTANCE_BOUND ){
// 그림 6.27의 ④의 경우
            vr = (int)(14 +19.0/90.0*theta_e);          // 양의 상수값 v_c, 식 (6.11) 이용
            vl = (int)(14 -19.0/90.0*theta_e);
            Velocity(robot, vl, vr);
    }
```

그림 6.11은 로봇이 왼쪽 벽에 걸렸을 때 로봇이 이동할 방향을 나타낸다. 여기서도 로봇의 제어 입력인 오른쪽과 왼쪽 바퀴속도는 식 (6.3)을 이용한다. 이 경우에도 거리와 각도 범위값이 존재한다.

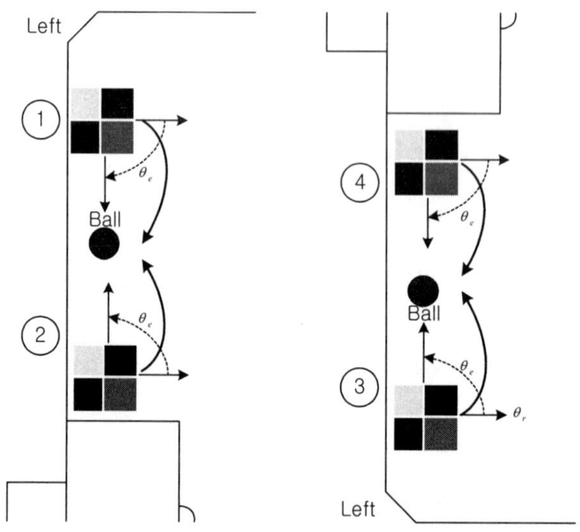

[그림 6.11] 로봇이 왼쪽 벽에 걸렸을 경우

이를 프로그램하면 다음과 같고, 이를 블록 2라고 하자.

```
//Left side
    angle = abs(angle_r);                                   // 로봇 방향각의 절대값을 계산
    if(angle < ANGLE_BOUND && robot->pos.x < 0.0+DISTANCE_BOUND &&
    robot->pos.y > 85.0){
// 그림 6.11의 ①의 경우
            vr = (int)(14 +19.0/90.0*theta_e);
            vl = (int)(14 -19.0/90.0*theta_e);
            Velocity(robot, vl, vr);
    }
    else if(angle > 180-ANGLE_BOUND && robot->pos.x < 0.0+ DISTANCE_BOUND
    && robot->pos.y > 85.0){
// 그림 6.11의 ②의 경우
            vr = (int)(-14 +19.0/90.0*theta_e);
            vl = (int)(-14 -19.0/90.0*theta_e);
            Velocity(robot, vl, vr);
    }
    else if(angle < ANGLE_BOUND && robot->pos.x< 0.0+DISTANCE_BOUND &&
    robot->pos.y < 45.0){
// 그림 6.11의 ③의 경우
            vr = (int)(14 +19.0/90.0*theta_e);
            vl = (int)(14 -19.0/90.0*theta_e);
            Velocity(robot, vl, vr);
    }
    else if(angle > 180-ANGLE_BOUND && robot->pos.x<0.0+ DISTANCE_BOUND &&
    robot->pos.y< 45.0){
// 그림 6.11의 ④의 경우
            vr = (int)(-14 +19.0/90.0*theta_e);
            vl = (int)(-14 -19.0/90.0*theta_e);
            Velocity(robot, vl, vr);
    }
```

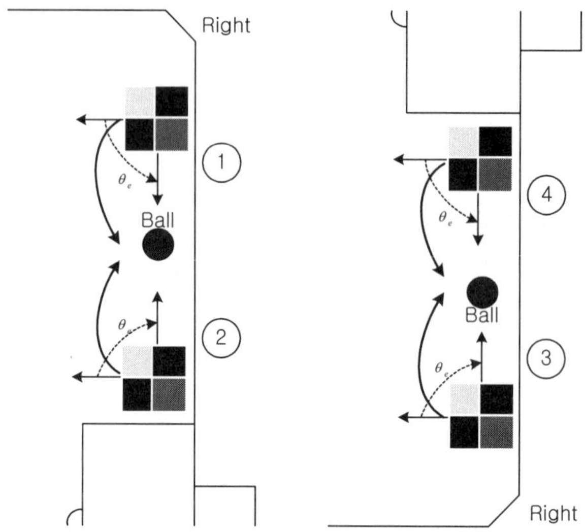

[그림 6.12] 로봇이 오른쪽 벽에 걸렸을 경우

그림 6.12는 로봇이 오른쪽 벽에 걸렸을 때 로봇이 이동할 방향을 나타낸다. 마찬가지로 제어입력은 식 (6.3)을 이용한다. 이를 프로그램하면 다음과 같고, 이를 블록 3이라 하자.

```
//Right side
    if(angle < ANGLE_BOUND && robot->pos.x>150.0-DISTANCE_BOUND &&
    robot->pos.y > 85.0){
// 그림 6.12의 ①의 경우
            vr = (int)(-14 +19.0/90.0*theta_e);
            vl = (int)(-14 -19.0/90.0*theta_e);
            Velocity(robot, vl, vr);
    }
    else if(angle > 180-ANGLE_BOUND && robot->pos.x>150.0- DISTANCE_BOUND
    && robot->pos.y > 85.0){
// 그림 6.12의 ②의 경우
            vr = (int)(14 +19.0/90.0*theta_e);
            vl = (int)(14 -19.0/90.0*theta_e);
            Velocity(robot, vl, vr);
```

```
    }
    else if(angle < ANGLE_BOUND && robot->pos.x>150.0-DISTANCE_BOUND &&
    robot->pos.y < 45.0){
// 그림 6.12의 ③의 경우
            vr = (int)(-14 + 19.0/90.0*theta_e);
            vl = (int)(-14 - 19.0/90.0*theta_e);
            Velocity(robot, vl, vr);
    }
    else if(angle > 180-ANGLE_BOUND && robot->pos.x>150.0- DISTANCE_BOUND
    && robot->pos.y < 45.0){
// 그림 6.12의 ④의 경우
            vr = (int)(14 +19.0/90.0*theta_e);
            vl = (int)(14 -19.0/90.0*theta_e);
            Velocity(robot, vl, vr);
    }
```

위에서 설명한 프로그램들을 묶으면 다음의 벽처리 함수를 구현할 수 있다.

```
#define ANGLE_BOUND 60                              // 각도 범위 선언
#define DISTANCE_BOUND 9                            // 거리 범위 선언
void AvoidBound(Robot *robot, Environment * env)    // 벽처리 함수
{
    블록 1;   // 로봇이 위아래 벽에 걸렸을 경우
    블록 2;   // 로봇이 왼쪽 벽에 걸렸을 경우
    블록 3;   // 로봇이 오른쪽 벽에 걸렸을 경우
}
```

6.4 Goalie 함수 구현 II

앞 절에서 설명했던 골키퍼 함수를 다른 방법으로 구현할 수 있다. 이 부분도 골키퍼 함수를 구현하는 하나의 예이며 다른 방법으로도 구현할 수 있다. 앞 절과 크게 다른 점은 공의 움직임을 예측하는 부분과 로봇을 움직이게 하는 제어부분이다. 공의 움직임을 예측하기 위해서 과거의 열번의 샘플 시간동안 공의 좌표를 이용한다.

그리고 로봇을 움직이게 하는 제어 함수는 Position 함수를 사용하지 않고 다른 제어 함수(FieldPosition- 4Goalie())를 이용하며 골키퍼 로봇이 벽에 걸리는 경우를 특별히 고려하지 않는다. FieldPosition4Goalie() 함수에서 로봇이 벽에 걸리는 경우도 처리를 한다. 새로운 Goalie 함수는 다음과 같은 구성을 갖는다.

```
void Goalie(Robot *robot, Environment *env)
{
    /* 공의 이동궤적을 계산 */
    /* 공의 이동궤적에서 공의 이동 기울기를 계산하여 로봇이 이동할 지점을 결정 */
    /* 골키퍼 로봇을 이동시키는 함수*/
}
```

위의 세 가지의 경우를 하나씩 살펴보도록 한다. 먼저 공의 움직임을 예측하는 부분이다.

```
void Goalie(Robot *robot, Environment *env)
{
    double    est_x, est_y;                    // 변수 선언
    double  slop, dev_ball_x, dev_ball_y, dev_ball;
    double  start_x, start_y, final_x, final_y;
    double  dev_x, dev_y, dist_err;
    double  delta_x=0, delta_y=0;
    int     I;

    // 열개의 데이터를 저장하고 1, 2번째의 데이터(최근 데이터)와
      9, 10번째의 데이터(과거)를
```

```
// 이용하여 기울기를 구한다.
for (i=9; i >=1 ; i--) {
          save_x4goalie[i] = save_x4goalie[i-1];
                                        // 한 스텝 전의 데이터를 새롭게 개선함
          save_y4goalie[i] = save_y4goalie[i-1];
}

if(FlagBallFound == FALSE)    // 비전 프로그램에서 공을 찾지 못하는 경우
{
          env->CurrentBall.pos.x = save_x4goalie[0];
                // 현재 공의 좌표를 한 스텝전에 저장한 공의 좌표로 설정
          env->CurrentBall.pos.y = save_y4goalie[0];
}
else                          // 비전 프로그램에서 공을 찾는 경우
{
          save_x4goalie[0] = env->CurrentBall.pos.x;        // 공의 좌표를 저장함
          save_y4goalie[0] = env->CurrentBall.pos.y;
}

start_x = (save_x4goalie[8]+save_x4goalie[9])/2.;// 과거 공의 x 좌표의 시작점 계산
final_x = (save_x4goalie[0]+save_x4goalie[1])/2.;// 최근 공의 x 좌표의 끝점 계산
start_y = (save_y4goalie[8]+save_y4goalie[9])/2.;// 과거 공의 y 좌표의 시작점 계산
final_y = (save_y4goalie[0]+save_y4goalie[1])/2.;// 최근 공의 y 좌표의 끝점 계산
dev_ball_x = final_x-start_x;                  // x 좌표에서 공이 움직인 값 계산
dev_ball_y = final_y-start_y;                  // y 좌표에서 공이 움직인 값 계산
dev_ball = sqrt(dev_ball_x*dev_ball_x+dev_ball_y*dev_ball_y);
          // 과거 공의 좌표에서 최근 공의 좌표까지의 거리 계산
```

여기까지가 과거의 공의 좌표 샘플(10개의 데이터)들을 이용하여 공의 이동 변화량을 계산한다. 공이 직진을 한다면 앞에서 계산한 값을 가지고서 X-Y 좌표계에서 공이 이동하는 기울기를 알 수 있다. 공의 이동 기울기의 크기와 공의 위치에 따라서 골키퍼 로봇이 이동할 위치를 계산한다.

```
    if (env->CurrentBall.pos.x > 15) {
        // 공이 전진할 때만 골키퍼는 움직이고 후퇴시 항상 골 중앙에 위치한다.
        // 중앙선 안에 들어오지 않으면 항상 골 중앙에 위치.
        // 기울기가 커지면 예측 포인트가 자주 바뀌므로 최대한 고려해야 한다.
                if ( fabs(final_x - start_x) > 0.01) {
                    slop = (final_y-start_y)/(final_x-start_x);
                    // 두 개의 점을 이용하여 공의 이동기울기를 구한다.
                    current_predict_ball = slop*(FLEFTX+4.0-start_x)+start_y;
                    // 공과 부딪칠 부분(공의 중심점에 4.0cm를 더함)으로 예측점을 구한다.
                }

                if ( ((final_x - start_x) < -0.5) && (final_x < FCENTERY) && dev_ball > 3)
{
                        if ( fabs(slop) < 2.) // 기울기가 2보다 작으면 예측한 곳으로.
                        {
                            if ( current_predict_ball > 87.0 || current_predict_ball < 43.0)
                                {
                                        if (final_y > 55.)
                                                final_y = 55.;
                                        if (final_y < 25)
                                                final_y = 25.;
                                        // 로봇이 이동할 수 있는 좌표를 제한
                                        current_predict_ball = final_y;
                                }
                        }
                        else
                        {       // 공의 예상 지점이 로봇의 제한 구간을 넘어갈 때 제한
                                if ( final_x < 18)
                                        current_predict_ball = final_y;
                                        if ( current_predict_ball > 55.0)
                                                current_predict_ball = 55.0;
                                        if ( current_predict_ball < 25.0)
                                                current_predict_ball = 25.0;
                        }
```

```
        } else if ( final_x > 75)
                {
                        current_predict_ball = FCENTERY;
                }
                else
                {
                                if (final_y > 60)
                                        final_y = 60.;
                                if (final_y < 20)
                                        final_y = 20.;
                        current_predict_ball = (FCENTERY+ final_y)/2.;
                }

        // 현재의 예측 데이터를 필터링시켜 예측의 변화를 줄인다.
        est_y = current_predict_ball;
        est_x = (double)FLEFTX+4.0;
}
else
{
        est_x = FLEFTX+4.0;

        if ( current_predict_ball > 55.0)
                current_predict_ball = 55.0;
        if ( current_predict_ball < 25.0)
                current_predict_ball = 25.0;
}

// 공이 골키퍼 로봇이 같은 위치에 있으면 약간 각을 주어서 밀어낸다.
dev_x = env->CurrentBall.pos.x - robot->pos.x;
dev_y = env->CurrentBall.pos.y - robot->pos.y;
dist_err = sqrt(dev_x*dev_x+dev_y*dev_y); // 공과 골키퍼 로봇과의 거리차 계산

// 공이 골대 지역에 있으면 패널티 킥을 받기 때문에 공을 그 지역에서 밀어내야 한다.
if ( env->CurrentBall.pos.x < Initial+3.0  && env->CurrentBall.pos.x > 1.0 )
```

```
    {
            // 공이 로봇과 같은 x축에 존재하게 되면 공을 밀어내야 하므로
            // 현재 공의 위치에서 골대의 바깥쪽으로 밀어낸다.

        // 공의 위치가 골대 영역 주위에 있는 경우 즉, 골대 영역의 위쪽과 아래쪽에 있을 때
            if (((env->CurrentBall.pos.y > 55. &&env->CurrentBall.pos.y < 75.)||
                    (env->CurrentBall.pos.y < 25. && env->CurrentBall.pos.y > 5.)) )
            // 이 경우는 공이 골대 영역 내에 있으므로 골키퍼 로봇이 공을 걷어내야 함
            {
                    est_x = env->CurrentBall.pos.x+1;
                    est_y = env->CurrentBall.pos.y;
                            // 골키퍼 로봇이 이동할 위치를 공의 좌표근처로 설정
            }
            // 공의 위치가 골대에 있는 경우
            if (env->CurrentBall.pos.y > 25.0 && env->CurrentBall.pos.y < 55.0)
            {
                    est_x = env->CurrentBall.pos.x+1.0;
                    if ( env->CurrentBall.pos.y < robot->pos.y)
                            est_y = env->CurrentBall.pos.y;
                    else
                            est_y = env->CurrentBall.pos.y;
            }

    //골키퍼 로봇은 될 수 있는 한 골대 영역을 떠나지 않아야 하므로 움직일 위치를 제한시킨다.
            if (env->CurrentBall.pos.y > 55. ||         env->CurrentBall.pos.y < 25.)
            {
                    if (final_y > 55)
                            final_y = 55.;
                    if (final_y < 25)
                            final_y = 25.;
                    est_y = (double)(FCENTERY+ final_y)/2.;
                    est_x = (double)Initial;
            }
    }
```

```
        // 로봇이 이동해야 할 좌표를 로봇 제어 함수에 전달한다.
        FieldPosition4Goalie(robot, est_x, est_y, env);
    }
```

지금까지 설명한 것은 공의 이동 기울기와 좌표값에 따라서 골키퍼 로봇이 움직일 좌표를 지정했다. 지정된 좌표로 로봇을 움직이게 하는 함수가 FieldPosition4Goalie() 함수이다.

새로운 Goalie() 함수에서 로봇을 이동하게 하는 제어 함수는 골키퍼 로봇이 방향 각을 조절하는 방식으로 직선 위에서 정확하게 이동하도록 구현했다. 결국 이 함수를 이용하면 앞에서 계산한 골키퍼 로봇의 이동좌표를 그대로 사용하여 로봇을 이동시킨다. 골키퍼 로봇은 골대영역과 평행한 직선 위를 이동해야 하므로 로봇의 방향각이 ±90°를 유지해야 한다.

FieldPosition4Goalie() 함수는 다음과 같다.

```
#define    Initial_x      4              // G_OFFSET과 같은 값

void FieldPosition4Goalie(int whichrobot, double x, double y)
{

        double     dx, dy, dist_err;              // 변수 선언
        double     n_field, r_angle, e_theta;
        double     V_c;
        int               V_l, V_r;

        // 현재 로봇의 각도를 얻어낸다.
        r_angle = robot->Vector3D_Angle;

      // 예측점과 현재 로봇 사이의 거리를 측정한다.
        dx = x-robot->pos.x;
        dy = y-robot->pos.y;
        dist_err = sqrt(dx*dx + dy*dy);

   // 골 주위의 필드(Field)를 형성시켜 준다.
```

```
// 오프셋 1은 필드의 두께로 비전의 데이터가 부정확하므로
// 어느 정도 제한거리를 주게 된다.
//  만약 원하는 목표점과의 떨어져 있으므로 atan 함수로 필드를 구한다.
   if ((robot->pos.x <Initial_x+1) && (robot->pos.x > Initial_x-1) && dist_err < 3.0)
// 로봇의 x 좌표가 initial_x 근처에 있고 이동할 위치와 공과의 거리 차가 3.0cm 이내일 때
   {
            if ( dy < 0)              // 이동할 위치의 y좌표 < 공의 y 좌표인 경우
                   n_field = 270.;  // 필드의 각을 270°로 설정
            else                      // 이동할 위치의 y 좌표 > 공의 y 좌표인 경우
                   n_field = 90.;  // 필드의 각을 90°로 설정
   }
   else  if ( dx != 0)  // 공과 이동할 위치의 x 좌표값이 0이 아닐 때
   n_field = 180./M_PI*atan2((double)(dy),(double)(dx)); // 필드의 값을 atan2 함수로 구함
   else                   // 위의 경우가 아닌 나머지 경우에 대해서
            {
                   if ( dy < 0)
                          n_field = 270.;
                   else
                          n_field = 90.;
            }

   // 현재 로봇이 향하고 있는 각도와 원하는 각도차를 구한다.
   e_theta = n_field - r_angle;
   // 앞에서 계산한 필드와 현재 로봇의 방향각과의 오차 계산

  // e_theta의 각을 180도 ~ -180도 바꾸어 준다.
   while(e_theta > 180.)
            e_theta -= 360.;
   while(e_theta <-180.)
            e_theta += 360.;

//  거리에 따라 선형적으로 속도를 변화시켜 준다.
//  5라는 숫자는 임의로 조정.
if (dist_err > 12.0)                  // 거리차가 12.0cm 보다 클 때
```

```
                dist_err = 12.0;        // 거리차를 12.0으로 제한시킴.
                                        // 로봇 중심의 선속도로 이용되므로 크기를 제한
if ( env->CurrentBall.pos.x < Initial_x+4.0 )     // 공의 x 좌표가 initial_x + 4.0 보다 작을 때
      {
                if (((env->CurrentBall.pos.y > 55. && env->CurrentBall.pos.y < 65.)||
                        (env->CurrentBall.pos.y < 25. && env->CurrentBall.pos.y > 15.)))
                                                // 공이 골대영역 위쪽과 아래쪽에 있을 때
                        dist_err = 3.0;         // dist_err를 작게 설정
      }
      // 로봇의 중심 속도를 목표점과의 거리를 기준으로 구한다.
      V_c =6.*dist_err-5.;

//*****  양방향 변환을 한다 ****************
      if(e_theta < -90)
      {
                e_theta += 180;
                V_c = -V_c;
      }
      else if(e_theta >= 90)
      {
                e_theta -= 180;
                V_c = -V_c;
      }


//*****  양바퀴의 속도를 각오차, 곡률을 고려하여 계산한다 ****************//
//    PD 제어기를 이용하여 오른쪽과 왼쪽 바퀴의 속도를 구한다.
      V_r = (int)(+40.0/90.0*e_theta + 20.0/90.0*(e_theta - prev_e_theta4goalie) + V_c );

      V_l = (int)(-40.0/90.0*e_theta - 20.0/90.0*(e_theta - prev_e_theta4goalie) + V_c );

//    최종 속도를 RF 모듈로 보내준다.
      Velocity(robot, (int)V_l, (int)V_r);
```

```
// 데이터를 업데이트한다.
        prev_e_theta4goalie = e_theta;
}
```

이 방법으로 구현한 골키퍼 함수를 이용할 경우 6.2절에서 설명했던 골키퍼 함수보다 훨씬 뛰어난 성능을 보인다. 그 첫 번째 이유는 공의 이동좌표들을 이용하여 공의 이동 기울기를 계산한 후 이를 이용하여 골키퍼 로봇이 이동할 위치를 설정했기 때문이다.

두 번째 이유는 로봇의 방향각과 로봇 중심에서의 선속도를 이용하여 로봇을 이동시키는 제어 함수를 사용했기 때문이다. 골키퍼 로봇을 이동시키는 제어 함수는 골키퍼 로봇이 직선 상에서 벗어나 있다하더라도 그 직선으로 다시 들어가는 방법으로 구현되었다. 다음은 Mirosot code의 Keeper 함수이다.

```
void CKinggoDlg::Keeper(int RobotID)  // 예시 // Mirosot code
{
float Ball_x = g_fBall[0];
float Ball_y = g_fBall[1];
int RobotID;
float DistanceBallToRobot[6];
for(RobotID = 1; RobotID <= MAX_ROBOT; RobotID++)
{
        FindRobotOrientation(RobotID);
}
double M_Bound = FIELD_CENTER_Y;
double M_Bound_LT = M_Bound + 8.0;
double M_Bound_LB = M_Bound - 8.0;
double T_Bound = M_Bound + 8.0;
double T_Bound_LT = T_Bound + 8.0;
double T_Bound_LB = T_Bound - 7.0;
double B_Bound = M_Bound - 8.0;
double B_Bound_LT = B_Bound + 8.0;
double B_Bound_LB = B_Bound - 8.0;
double B_PosX = Ball_x;
double B_PosY = Ball_y;
```

```
double DistanceX;
double DistanceY;
double DistanceA;
DistanceX = B_PosX - g_dMyRobotGoal[RobotID][0];
DistanceY = B_PosY - g_dMyRobotGoal[RobotID][1];
DistanceA = fabs(sqrt(DistanceX * DistanceX + DistanceY * DistanceY));
int temp;
//yellow
if(B_PosX > FIELD_CENTER_X)
{
	if(g_dMyRobotGoal[RobotID][1] > M_Bound_LT - 3.5)
	{
			g_dMyRobotGoal[RobotID][0] = FIELD_LEFT_IN + 6.5f;
			g_dMyRobotGoal[RobotID][1] = M_Bound_LB;
			g_dMyRobotGoalVel[RobotID] = 0.0f;

			temp = 0;
	}
	if(g_dMyRobotGoal[RobotID][1] < M_Bound + 3.0 && g_dMyRobotGoal[RobotID][1] >
	M_Bound - 3.0)
	{
			if(temp == 0)
			{
					g_dMyRobotGoal[RobotID][0] = FIELD_LEFT_IN + 6.5f;
					g_dMyRobotGoal[RobotID][1] = M_Bound_LB;
					g_dMyRobotGoalVel[RobotID] = 0.0f;
			}
			else
			{
					g_dMyRobotGoal[RobotID][0] = FIELD_LEFT_IN + 6.5f;
					g_dMyRobotGoal[RobotID][1] = M_Bound_LT;
					g_dMyRobotGoalVel[RobotID] = 0.0f;
			}
	}
```

```
        if(g_dMyRobotGoal[RobotID][1] < M_Bound_LB + 3.5)
        {
                g_dMyRobotGoal[RobotID][0] = FIELD_LEFT_IN + 6.5f;
                g_dMyRobotGoal[RobotID][1] = M_Bound_LT;
                g_dMyRobotGoalVel[RobotID] = 0.0f;
                temp = 1;
        }
}
else
{
        if(B_PosY > FIELD_CENTER_Y)
        {
                if(g_dMyRobotGoal[RobotID][1] < T_Bound_LB + 3.5)
                {
                        g_dMyRobotGoal[RobotID][0] = FIELD_LEFT_IN + 6.5f;
                        g_dMyRobotGoal[RobotID][1] = T_Bound_LT;
                        g_dMyRobotGoalVel[RobotID] = 0.0f;
                }
                        if(g_dMyRobotGoal[RobotID][1] > T_Bound_LT - 3.5)
                {
                        g_dMyRobotGoal[RobotID][0] = FIELD_LEFT_IN + 6.5f;
                        g_dMyRobotGoal[RobotID][1] = T_Bound_LB;
                        g_dMyRobotGoalVel[RobotID] = 0.0f;
                }
                if(DistanceA < 18 || B_PosX < FIELD_LEFT_IN + 20.0f)
                {
                        g_dMyRobotGoal[RobotID][0] = FIELD_LEFT_IN + 8.5f;
                        g_dMyRobotGoal[RobotID][1] = B_PosY;
                        g_dMyRobotGoalVel[RobotID] = 0.0f;
                }
        }
        else if(B_PosY < FIELD_CENTER_Y + 5.0 && B_PosY > FIELD_CENTER_Y - 5.0)
        {
                if(g_dMyRobotGoal[RobotID][1] > M_Bound_LT - 3.5)
```

```
	{
		g_dMyRobotGoal[RobotID][0] = FIELD_LEFT_IN + 6.5f;
		g_dMyRobotGoal[RobotID][1] = M_Bound_LB;
		g_dMyRobotGoalVel[RobotID] = 0.0f;
			temp = 0;
	}
	if(g_dMyRobotGoal[RobotID][1] < M_Bound + 3.5 &&
			g_dMyRobotGoal[RobotID][1] > M_Bound - 3.5)
	{
		if(temp == 0)
		{
			g_dMyRobotGoal[RobotID][0] = FIELD_LEFT_IN + 6.5f;
			g_dMyRobotGoal[RobotID][1] = M_Bound_LB;
			g_dMyRobotGoalVel[RobotID] = 0.0f;
		}
		else
		{
			g_dMyRobotGoal[RobotID][0] = FIELD_LEFT_IN + 6.5f;
			g_dMyRobotGoal[RobotID][1] = M_Bound_LB;
			g_dMyRobotGoalVel[RobotID] = 0.0f;
		}
	}
	if(g_dMyRobotGoal[RobotID][1] < M_Bound_LB + 3.5)
	{
		g_dMyRobotGoal[RobotID][0] = FIELD_LEFT_IN + 6.5f;
		g_dMyRobotGoal[RobotID][1] = M_Bound_LT;
		g_dMyRobotGoalVel[RobotID] = 0.0f;
			temp = 1;
	}
	if(DistanceA < 18 || B_PosX < FIELD_LEFT_IN + 20.0f)
	{
		g_dMyRobotGoal[RobotID][0] = FIELD_LEFT_IN + 6.5f;
		g_dMyRobotGoal[RobotID][1] = B_PosY;
		g_dMyRobotGoalVel[RobotID] = 0.0f;
```

```
                }
            }
            else
            {
                if(g_dMyRobotGoal[RobotID][1] < B_Bound_LB + 3.5)
                {
                    g_dMyRobotGoal[RobotID][0] = FIELD_LEFT_IN + 6.5f;
                    g_dMyRobotGoal[RobotID][1] = B_Bound_LT;
                    g_dMyRobotGoalVel[RobotID] = 0.0f;
                }
                if(g_dMyRobotGoal[RobotID][1] > B_Bound_LT - 3.5)
                {
                    g_dMyRobotGoal[RobotID][0] = FIELD_LEFT_IN + 6.5f;
                    g_dMyRobotGoal[RobotID][1] = B_Bound_LB;
                    g_dMyRobotGoalVel[RobotID] = 0.0f;
                }
                if(DistanceA < 18 || B_PosX < FIELD_LEFT_IN + 20.0f)
                {
                    g_dMyRobotGoal[RobotID][0] = FIELD_LEFT_IN + 6.5f;
                    g_dMyRobotGoal[RobotID][1] = B_PosY;
                    g_dMyRobotGoalVel[RobotID] = 0.0f;
                }
            }
        }
    }
```

독자는 좀 더 다양한 방법으로 골기퍼를 효과적으로 제어하고 정확한 움직임을 구현할 수 있도록 해야 한다.

제 7 장

전략 프로그램

로봇 속도제어와 및 기본적인 행동(이동, 장애물 회피, 킥, 슈팅 등) 이 완성되면 이제 로봇 축구를 위한 전략을 짜야 한다. 3대 로봇의 행동 등을 조절하여 협동 또는 분업 등과 같은 다개체 행동제어 문제를 해결해야 하는 것이다. 다개체 행동에 관련하여 지금까지 학습을 통한 협동수행 알고리즘 등이 제안되어 왔으나 로봇 축구에서와 같은 빠른 동작 특성을 가지는 시스템에서는 아직까지 학습을 통한 방법보다는 미리 각 로봇에 적절한 수행동작을 미리 지정하는 방법이 일반적으로 사용되고 있다.

본 장에서는 먼저 앞 장들에서 언급한 이동, 장애물 회피, 킥, 슈팅과 같은 기본 동작들을 일련의 연속적인 동작으로 연결하여 개인 전술을 작성하는 방법에 대해 기술한 후 이러한 개인 전술들을 활용하기 위해 각 로봇들에게 동작 영역을 지정하는 여러 가지 방법들에 대해 살펴 본다.

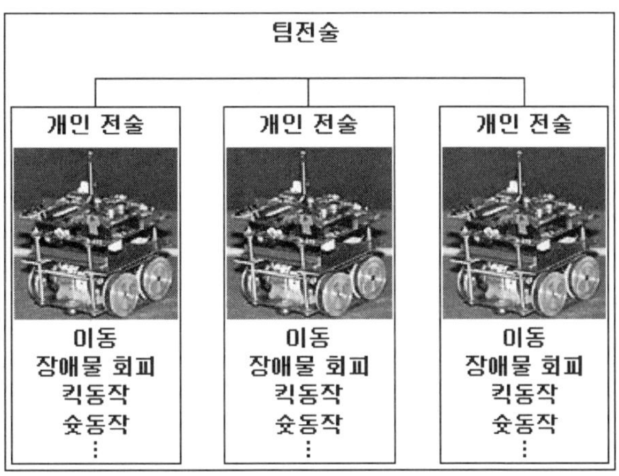

[그림 7.1] 전략 프로그램의 구성

7.1 일반적인 전략 설계 방법론

경기를 이기기 위한 것이 전략수립의 목적이므로 이를 위한 다양한 방법을 고려해야 한다. 공격 지향적으로 다소 골을 허용하더라도 다득점으로 이기려는 전략이 있을 수 있고, 수비위주의 전략으로 될 수 있는 한 수비에 치중하면서 결정적인 공격의 기회를 포착하여 이기려는 전략도 있을 수 있으며, 공격수와 수비수로 나누어 각각 공격과 수비를 분담하는 형태를 구성해서 하는 등의 여러 전략이 있을 것이다.

경기를 하는 데 있어 이러한 여러 전략들은 개인 전술과 팀 전술 두 가지 요소에 기초하여 이루어질 것이다. 개인 전술은 전장에서 기술한 이동이나 장애물 회피, 킥, 슈팅 등을 복합적으로 연결하여 상황에 따라 연속적인 일련의 행동을 발생하는 것을 의미한다.

미리 프로그램 되어 있다하더라도 경기중에는 상대편과의 상호 작용을 통해서 예측하지 못했던 결과를 발생하는 경우도 있다. 개인 전술이 완성되면 이들을 효율적으로 협동시켜 나갈 팀 전술이 필요하다고 할 수 있다.

7.2 개인 전술

기본적으로 골키퍼를 제외한 모든 로봇들은 비슷한 행동을 하도록 만들어져 있다. 각 로봇은 공의 위치에 따라 골을 넣기 위해 서로 공을 드리블하고 슛하려는 행동을 하게 된다. 기본적으로 축구 로봇을 제어하는데 있어서 필요한 사항은 이동, 장애물 회피, 막기 및 슛 등이다. 이동이나 장애물 회피 같은 행동은 기존에 알려진 방법에 의해 구현될 수 있으며, 막기, 슛과 같은 행동도 하드웨어 특성에 맞게 구현될 수 있다. 이러한 행동들의 적절한 조합 및 동작 순서에 의해 다양한 축구 로봇의 기술들이 구현될 수 있다.

즉, 이동과 장애물 회피는 드리블에 이용될 수 있으며, 슛동작은 패스에 이용될 수 있을 것이다. 각 축구 로봇들은 어떤 로봇이라도 위에 언급한 행동들을 할 수 있어야 하므로 모든 로봇들에 앞서 언급한 행동들이 구현되어 있어야 한다. 그러므로 주어진 정보와 환경이 같다면 각 로봇은 같은 행동을 하게 되지만 각 로봇에 따라 모터부 특성이 다르기 때문에 로봇마다 움직임이 다를 수 있다. 이런 경우에는 각 로봇의 고유계수들을 적절히 찾아서 미리 프로그램에 기록해 놓아야 한다.

7.3 팀 전술

개인 전술에서는 각 로봇이 기본적으로 수행할 수 있는 행동들의 구현이 수행되었다. 만일 모든 로봇에게 같은 동작을 하도록 프로그램을 만든다면 공을 두고 같은 팀 간에 경쟁을 일으키게 될 것이다. 따라서 팀 전술을 구현하여 공 및 우리팀 로봇, 상대팀 로봇의 위치에 따라 적절히 각 로봇에게 다른 행동이 수행되도록 하는 팀 전술이 필요하게 된다.

팀 전술에서 협력의 목적은 로봇간의 불필요한 경쟁을 없앰으로써 원하는 바를 더 수월히 이루는 것이다. 공격시에는 각 로봇들은 골을 넣기 위해서 팀 구성원을 서로 도와줘야 하고, 수비시에는 골을 막기 위해 서로 협조해야 할 것이다.

공격을 하는 경우 일단 같은 팀이 공을 가지게 되면 공을 가진 로봇은 골을 향하여 킥을 하거나 드리블을 하게 되며, 다른 로봇은 골을 넣는 것을 방해하지 않도록 공격선상에서 비켜 있거나 상대편의 로봇이 공격선상에 오는 것을 막아야 한다.

수비는 상대팀의 로봇이 공에 더 가까이 있는 경우로 각 로봇들은 우리팀 골로 향하는 공의 진행 방향 앞 또는 상대편 공격(이동) 선상에 위치시킴으로써 수비 형태를 취할 수 있다. 이때 어느 로봇이 공을 막을지 또는 상대 로봇의 진행을 저지할지는 미리 각 위치에 따라 정해진 계산에 의해 주 컴퓨터의 프로그램에서 계산되어 각 로봇에게 전달된다.

7.3.1 기본 전술 대형의 예

각 로봇의 개인 전술이 완성되면 팀 전술로써 각 로봇을 어떻게 배치할지를 결정해야 한다. 그림 7.2는 기본 전술 대형으로 경기장을 몇 개의 영역으로 나누고 각 영역에 고유한 로봇을 지정하여 경기를 진행하는 방식이다. 이 때 한 로봇이 한 영역에서 계속 경기를 진행할 수도 있고 공의 위치 및 같은 팀 로봇의 위치에 따라 임무 영역을 교체하도록 프로그램할 수 있다.

3대의 로봇의 기본 대형으로는 (a) 1-1-1(골키퍼-수비-공격) 대형, (b) 1-0-2(골키퍼, 좌우 윙) 대형, (c) 1-2-0 (골키퍼, 좌우 윙) 대형, (d) 0-0-3(전원공격) 대형 등을 생각할 수 있다.

1-1-1 대형은 가장 많이 구현되는 대형으로 골키퍼, 수비, 공격으로 각 로봇

이 맡은 임무만 수행함으로써 로봇간의 경쟁을 없애 자연스러운 협력 작업을 하게 된다.

1-0-2 대형은 골키퍼, 좌우 윙으로 나누어 윙은 공격과 수비를 동시에 하지만 대신 두 로봇간의 영역을 나누어 둘 사이의 경쟁을 없애는 방법이다. 1-2-0 대형은 1-0-2대형의 변형으로 주로 수비를 위주로 하는 대형이 된다.

0-0-3 대형은 로봇간의 임무를 구별하지 않고 매 순간 상황에 따라 대응하는 대형으로 개인 전술과 팀 전술의 구현이 잘 되어 있어야 한다. 이런 대형은 주로 공격적인 성향을 보이게 된다.

그러나 실제 경기에서는 이 중에서 어느 한 가지 방법만을 사용하는 것이 아니라 몇 개를 복합적으로 연결하여 상황에 따라 변화하도록 구현하고 있으며 이는 다음에 있는 각 팀의 실제 구현 방식을 통해서 좀 더 자세히 알아보도록 한다.

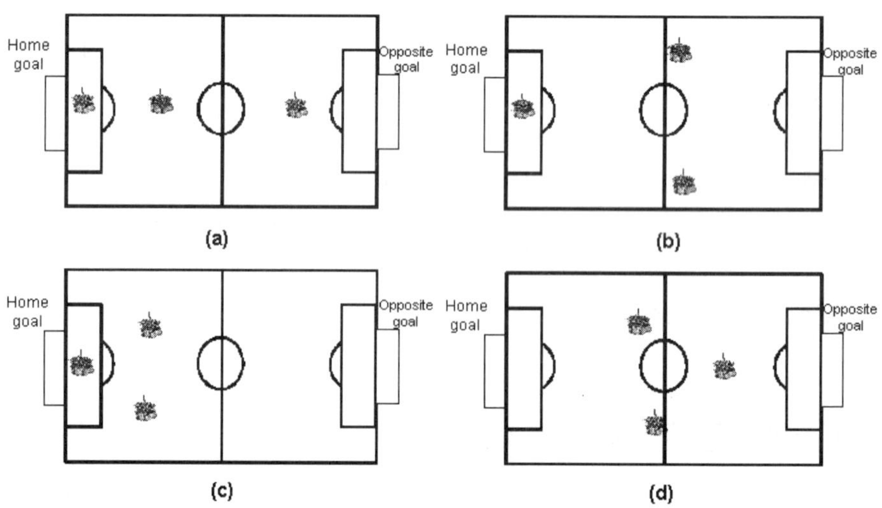

(a) 1-1-1 대형 (b) 1-0-2 대형 (c) 1-2-0 대형 (d) 0-0-3 대형

[그림 7.2] 마이크로소프트에서 사용될 수 있는 기본 전술 대형

7.4 Soty Ⅲ의 전술

소티 III(soyt III)는 그림 7.3과 같이 4개의 층으로 구성된다.

기본 동작으로 (목적점) 이동 행동과 원이동 행동, 장애물 회피 등이 있는데 이것은 behavior level에 구현되어 있다. Action level에는 behavior level에 구현된 기본 행동들을 복합적으로 연결하여 17개의 행위들을 정의한다. Role level에서는 각 개체들이 수행해야 하는 행위들을 할당하는 역할을 담당한다. 가장 하위에 있는 execution level은 로봇에 구현되어 있으며 action level에서 보내지는 행동들을 직접 실행한다.

xecution level은 마이크로컨트롤러에서 정해진 샘플링 시간동안 양쪽 바퀴의 모터를 제어하는 것을 의미한다. Behavoir level에서부터 action level과 role level은 호스트 컴퓨터에 구현되어 있다.

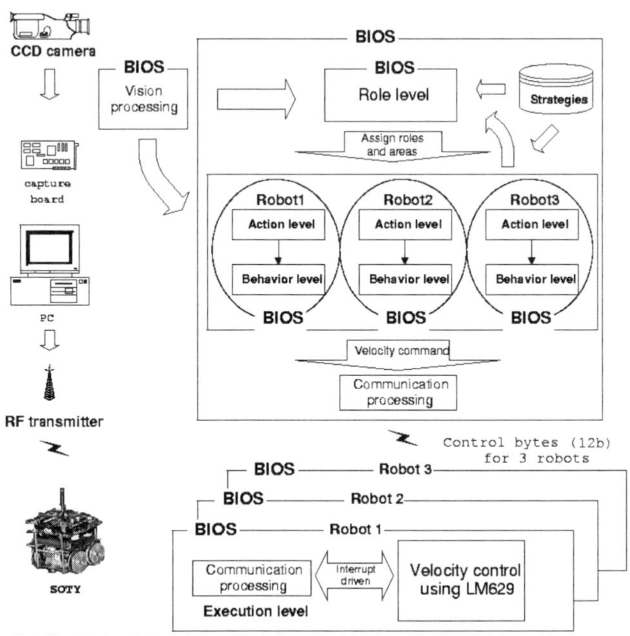

[그림 7.3] 소티 III의 제어 구조

7.4.1 Behavior level

Behavior level에는 (목적점) 이동 행동과 원이동 행동 및 장애물 회피 행동 등이 정의되어 있다. 이동 행동은 로봇이 현재점에서 출발하여 목적점에 수렴하도록 하는 것으로 로봇의 직선 속도 및 회전 속도를 식 (7.1)과 같이 계산한다.

$$\begin{aligned} v_m &= k_r d \sin r_e' \cos\phi_e' \\ \omega_m &= k_\theta(\epsilon\sin\phi_e' + (1-\epsilon)\sin\theta_e') \end{aligned} \tag{7.1}$$

여기서 $k_r, k_\theta, \epsilon (0 \le \epsilon \le 1)$ 등은 적절한 상수이고, r_e', ϕ_e', θ_e' 등은 식 (7.2)와 같이 정의된다.

$$\begin{aligned} r_e' &= \begin{cases} \dfrac{\pi}{2} & \text{if } r_e \geqq R_{\max} \\ \dfrac{\pi r_e}{\omega R_{\max}} & \text{else} \end{cases} \\ \phi_e' &= \begin{cases} \phi_e - \pi & \text{if } \phi_e > \dfrac{\pi}{2} \\ \phi_e + \pi & \text{if } \phi_e \le -\dfrac{\pi}{2} \\ \phi_e & \text{else} \end{cases} \\ \theta_e' &= \begin{cases} \theta_e - \pi & \text{if } \theta_e > \dfrac{\pi}{2} \\ \theta_e + \pi & \text{if } \theta_e \le -\dfrac{\pi}{2} \\ \theta_e & \text{else} \end{cases} \end{aligned} \tag{7.2}$$

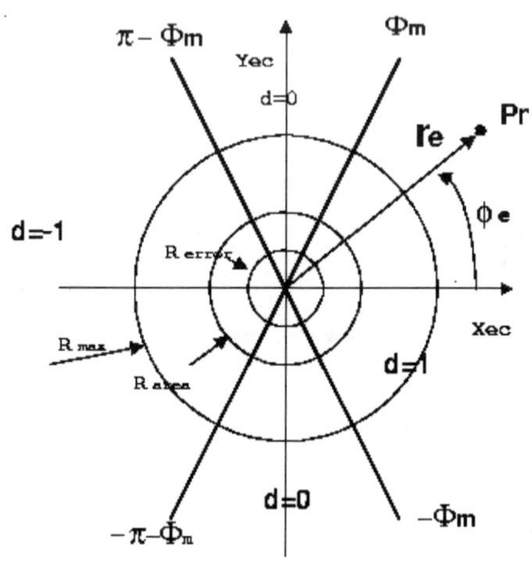

[그림 7.4] 이동 행동

r_e, ϕ_e는 그림 7.4에서와 같이 로봇의 현재 위치를 극좌표로 표시한 것이며 θ_e는 로봇의 각도오차를 나타낸다. 그림에서처럼 d는 로봇 위치의 상대적인

방향을 나타낸다. 기존의 대부분의 위치제어 방법에서는 로봇 속도의 포화를 고려하지 않고 직선 속도 및 각속도 입력을 계산하지만 본 방식은 실제 적용을 위한 것이므로 $R_{\max}$를 두어 거리 오차가 이 값보다 크게 되면 일정한 속도를 내도록 한다.

원이동 행동은 특정한 원의 호를 따라 움직이도록 하는 것으로 목적점 이동 방식으로 해결할 경우 복잡해지는 문제점을 해결하기 위해 별도의 행동으로 정의한 것이다. 그림 7.5와 같이 원의 중심점(C_x, C_y) 및 반지름(C_r)이 정해지면 식 (7.3)과 같이 좌우 속도를 계산한다. 여기서 $(x_c\ y_c\ \theta_c)^T$는 로봇의 현재 자세이고, r_b는 로봇 몸체 반지름, C_d는 목적점 이동 방식의 d에 대응하는 값으로 1 또는 −1 값을 가진다. v는 양의 상수값으로 로봇의 선속도에 비례하는 상수항이다.

$$\begin{pmatrix} v_R \\ v_L \end{pmatrix} = \begin{pmatrix} C_d\left(1 + \dfrac{r_b \omega_d}{C_r}\right)v \\ C_d\left(1 - \dfrac{r_b \omega_d}{C_r}\right)v \end{pmatrix}$$
$$\omega_d = \begin{cases} 1 & \text{if} -\sin\theta_c(C_x - x_c) + \cos\theta_c(C_y - y_c) > 0 \\ -1 & \text{else} \end{cases} \tag{7.3}$$

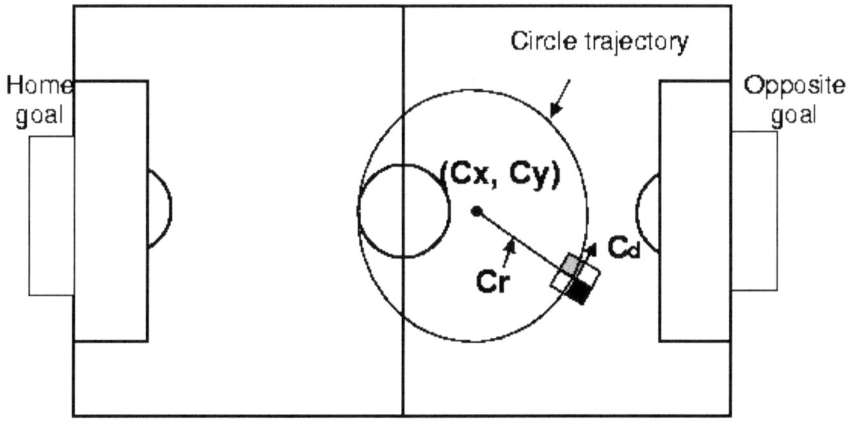

[그림 7.5] 원이동 행동

장애물 회피 행동은 Soty I에서와 달리 비전 정보만을 이용하여 공과 같은 팀 및 상대팀 로봇을 구별하여 수행된다. 이 때 세 가지 중 어떤 것을 회피하느냐에 따라 우회 반경이나 회피 영역의 크기가 달라지는데 공의 경우 자살골의 위험이 발생할 수 있으므로 우리 골 영역에 있는 경우 장애물 회피 보다는 상대 진영으로 차는 것을 더 우선하여 수행한다. 로봇 및 공이 고속으로 움직이는 경우에는 얼마나 정확히 각 물체들의 이동을 예측하는지도 장애물 회피 성능에 주요한 요소로 작용한다.

7.4.2 Action level

Action level은 Behavior level에 정의된 기본 행동들을 조합하여 경기에 필요한 행위로 구성하는 level로써 17개의 행위가 구현되어 있으며 이런 행위는 공의 위치, 속도, 로봇의 자세 등에 의해서 결정된다. 17개의 행위들은 크게 다음과 같이 4개의 행위 그룹으로 구분한다.

- 본원적 행위(primitive action): Stop, Wandering, Sweep_Ball, Ball_Find
- 공격을 위한 행위(offensive action): Standard_Shoot, Position_To_Shoot, Cannon_Shoot, Turning_Shoot, Spin_Shoot
- 수비를 위한 행위(defensive action): Push_Ball, Position_To_PushiBall, Screen_Out_Ball
- 골키퍼를 위한 행위(keepr action): Block, K_Defense_Goal, K_Default_Position, K_Need_Escape_Goal, Keepter_Attack

Action level에서는 기본적인 action 중에서 행위 선택기가 하나의 행위를 선택하여 하위계층인 behavior level에 보내 원하는 동작을 이루게 한다.

표 7.1에는 몇 가지 행위들을 나타낸 것이다. 전체 행위들에 대해서 몇 개를 간단히 살펴보면 다음과 같다.

〈표 7.1〉 Soty III의 행위들

Wandering, K_Defense_Goal, K_Default_Position	Sweep_Ball	Standard_Shoot
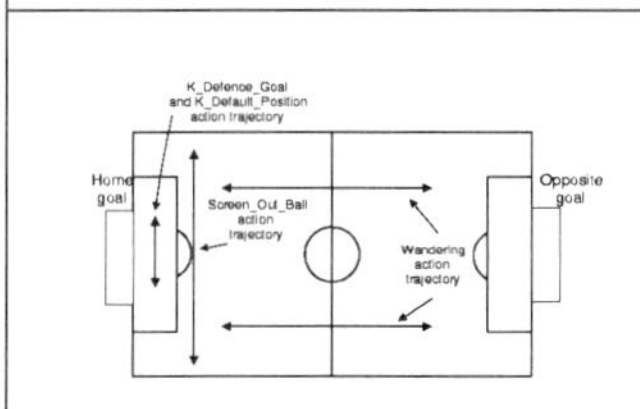	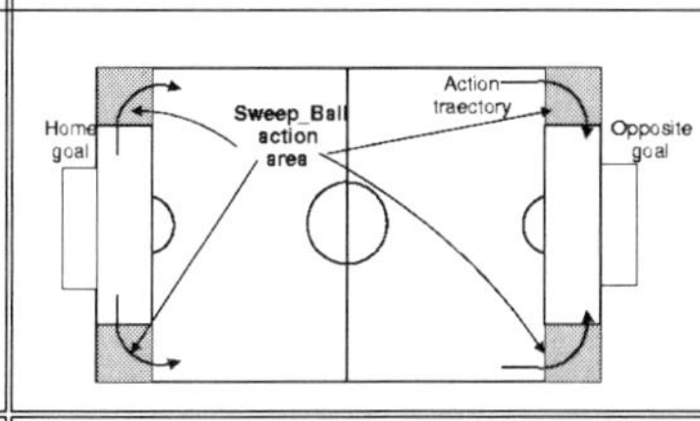	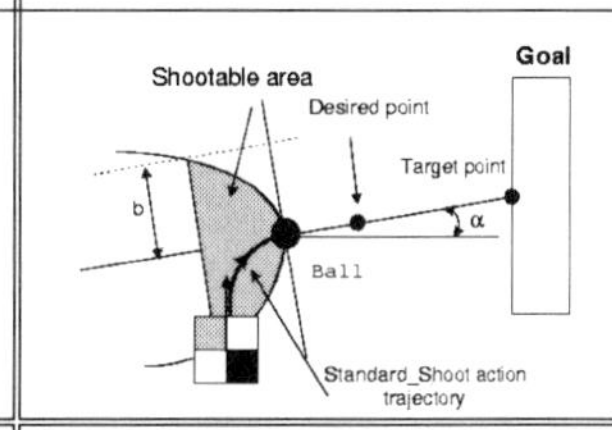
Cannon_Shoot	Position_To_Shoot	Turning_Shoot
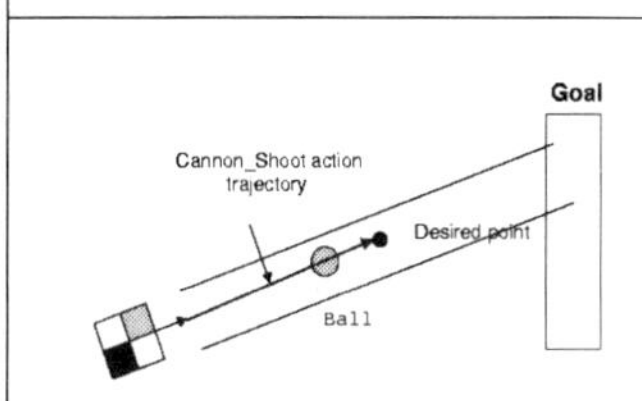	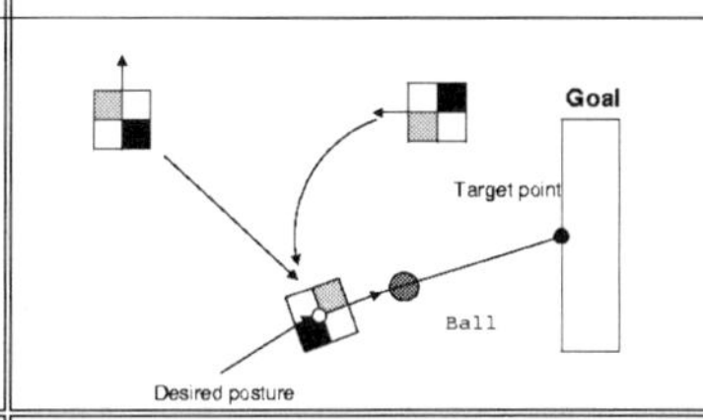	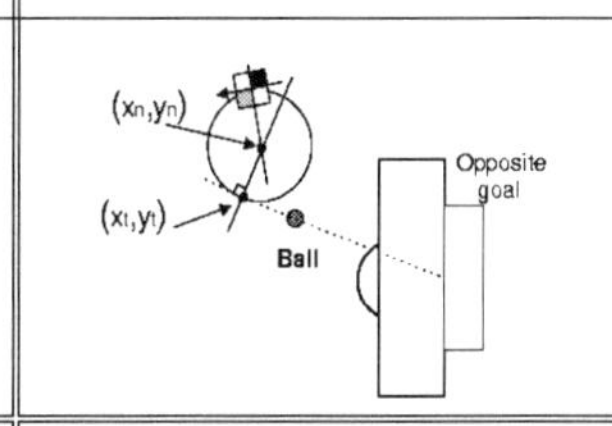
Push_Ball	Position_To_PushBall	Block
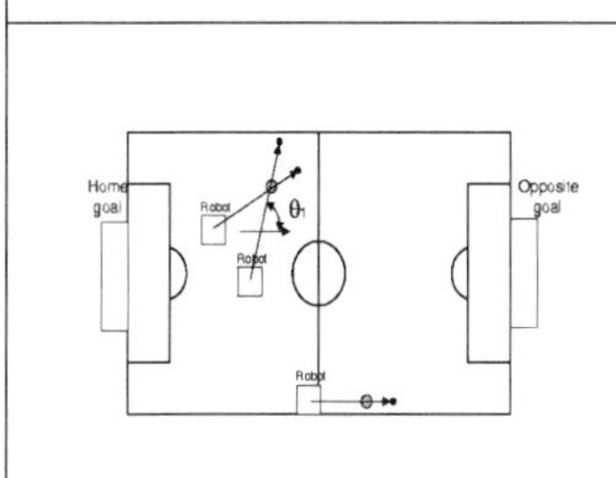	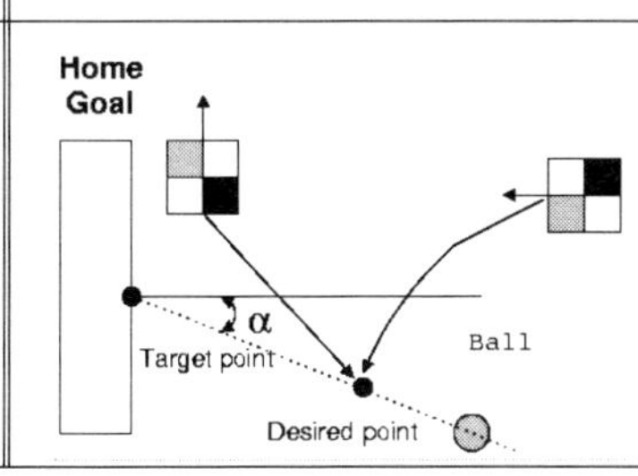	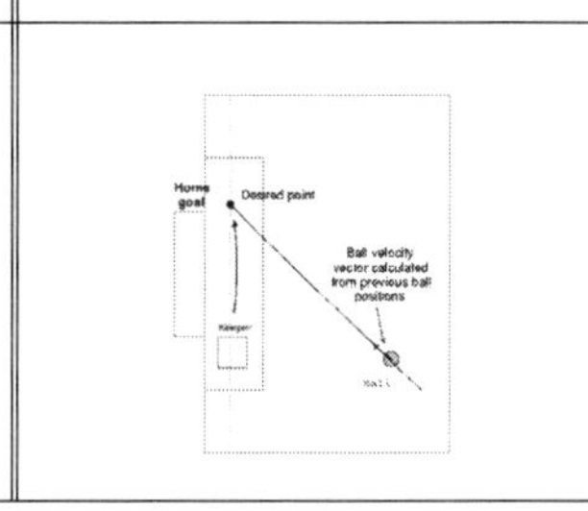

- Wandering 행위 : 경기장 왼쪽과 오른쪽을 나누어서 양쪽에 로봇이 각각 움직일 때 공의 위치에 따른 궤적을 따라 로봇을 움직이게 하는 행위이다.
- Sweep_Ball 행위 : 공이 경기장의 구석에 놓여 있을 때 사용되는 행위이다.
- Standard_Shoot 행위 : 상대방 골대로 골을 넣을 수 있는 행위이다. 이 행위는 언제나 가능한 것이 아니라 슛가능 지역에 로봇이 있는 경우에만 선택된다. 슛가능 지역은 공이 놓여 있는 위치에 따른 함수로 영역이 공의 위치에 따라서 변한다.
- Cannon_Shoot 행위 : 로봇이 최고 속도를 내며 공을 상대방 골대로 넣게 하는 행위이다. 로봇의 방향이 현재 골영역 안에 있고 공이 로봇의 몸체 영역 안에 있으면 이 행위의 조건이 되며, 이때 로봇은 최고 속도로 무조건 현재 방향으로 직진을 하게 된다.

- Position_To_Shoot 행위 : 슛 행위를 못하게 될 때 선택되는 행위로 로봇이 슛을 할 수 있는 위치로 이동하게 한다.
- Turning_Shoot 행위 : 슛을 하는 행위로 원이동 행동을 사용한다. 로봇이 원의 궤적을 그리며 움직이기 때문에 부드러운 움직임을 보인다. 이 행위는 Position_To_Shoot 행위를 보조하기 위해 만든 것으로 기본개념은 로봇이 슛하기 위한 각도로 진입하기 위해 원의 궤적을 그리며 이동하는 것이다.
- Push_Ball 행위 : 수비수를 위해서 만들어진 행위로 공을 상대 진영으로 차는 행위이다. 공을 차는 방향이 슛 행위처럼 상대편 골대를 향할 필요가 없으므로 상대 진영으로 차낼 수 있으면 선택이 된다.
- Position_To_PushBall 행위 : 수비수를 위한 행위로 로봇이 Push_Ball 행위를 하기에 적합하지 않을 때 적적한 위치로 이동시키는 행위이다.
- Block 행위 : 골키퍼를 위한 행위로 공이 골대를 향해 움직일 때 공의 궤적에 따라 예측된 지점으로 이동하여 공을 막는 행위이다. 공의 위치 예측은 공의 위치정보로부터 추출된 공의 속도 벡터를 이용하여 계산한다.
- K_Defense_Goal 행위 : 공의 위치가 골대로 가까워짐에 따라 선택되는 행위로 Block 행위가 선택되지 않을 때 공의 y 좌표값에 따라 정해진 지정 장소로 로봇이 이동하여 공을 막는 행위이다.
- K_Default_Positioon 행위 : K_Defense_Goal 행위와 비슷하나 공이 골대에 멀리 떨어져 있어서 위험이 없다고 판단될 때 로봇을 기본위치로 이동시켜 대기하게 하는 행위이다.

Action level에는 위에서 열거한 많은 행위들 중에서 하나의 행위를 선택하는 행위 선택기가 있다. 행위 선택기는 각 로봇이 수행할 수 있는 여러 가지 행위 중 그 상황에 적절한 것을 선택하도록 한다. 행위 선택기의 결과물은 설계된 기본 행위들 중 하나이며 이를 behavior level로 보낸다.

모든 로봇에 똑같게 구현되는 제어구조이지만 상위 계층(role level)에서의 주어진 역할과 영역에 따라서 로봇이 선택하는 행위들이 달라진다. 여러 가지 행위 중에서 로봇의 행위를 선택할 때 주어진 역할에 따라서 선택할 행위의 선택 비중을 더 높게 만들어서 각 로봇들이 다른 행위를 선택하게 한다. 결국, 로봇 각각의 역할에 따라서 사용되는 행위의 수가 달라진다.

7.4.3 Role level

Role level은 Action level 수행 능력을 가진 3대의 로봇을 조화하여 경기 중 최대 효과가 나올 수 있도록 각 로봇에 적절한 action을 할당한다. 일반적으로 경기장을 다음과 같은 기준으로 몇 개의 영역으로 분할한 후 각 영역에 한 대씩의 로봇을 할당하는 방법을 사용한다.

- 경기장 전체가 모든 개체에 의해서 cover되어야 한다.
- 각 개체들이 맡은 할당 영역들은 최대한 중복을 피해야 한다.

소티 III에서는 그림 7.6과 같이 경기장을 일정한 몇 개의 영역으로 나누고 로봇을 할당한 후 각 로봇으로 하여금 할당된 영역에 맞는 action들을 수행하도록 하고 있다.

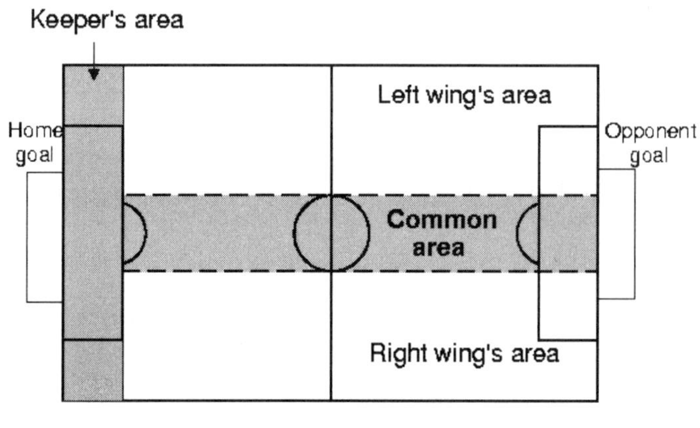

[그림 7.6] 소티 III의 경기장 분할

그림의 영역들을 효과적으로 cover하기 위해 다음과 같은 사항들이 고려된다.

- 중복 영역에서의 같은 팀간 로봇들의 충돌 방지
- 경우에 따라서 할당 영역 바꾸기 수행
- 고장 로봇이 발생한 경우 새로운 영역 분배

첫 번째 문제의 경우 중복 영역에서 같은 역할을 수행하는 경우라도 공에 더 빨리 접근하는 로봇에 우선권을 주고 다른 로봇에는 장애물 회피를 작동하여 문제를 해결할 수 있다. 두 번째의 경우 공과 골대, 로봇의 자세에 따라서 로봇간의 영역을 바꾸어 준다. 마지막으로 고장 로봇이 발생하는 경우에는 고장 로봇이 1대인 경우에는 2대의 로봇을 골키퍼 및 공격수로 역할을 재분배하고, 2대의 로봇이 고장난 경우 나머지 1대의 로봇으로 하여금 골키퍼 동작을 우선으로 수행하도록 하면서 득점 확률이 높은 경우에만 공격수 동작을 취하게 하는 방법을 사용하고 있다.

로봇의 역할을 지정할 때는 1-0-2(골키퍼, 좌우 공격수) 대형을 이용한다. 즉, 로봇의 역할은 골키퍼, 왼쪽 공격수, 오른쪽 공격수가 있으며 이런 역할들이 경기 중 각 상황에 맞게 로봇들에게 주어진다.

7.4.4 Execution level

Execution level은 호스트 컴퓨터로부터 각 로봇이 수행해야 할 행동들이 좌우 바퀴의 속도(v_r, v_l)로 로봇에 전달되면 로봇에 장착된 마이크로프로세서를 이용하여 직접 바퀴의 속도를 제어하는 부분이다.

Soty II와 III에서는 모두 각 바퀴에 전용 PID 제어기를 부착하여 속도 제어를 수행한다. Soty II에서는 PID 제어기가 하드웨어적으로 내장된 LM629라는 모션 제어기를 사용하여 410μsec의 샘플링 시간을 가지고 속도제어를 구현했다.

7.5 Soty IV의 전술

Soty IV는 기본적으로 2대의 로봇이 상황에 따라 공격과 수비의 역할을 바꿔가고, 나머지 한 대의 로봇이 골키퍼의 역할을 하는 전술 구조를 갖고 있다. 이를 위해서 그림 7.7에서와 같이 각각의 로봇 역할을 정해주는 Super-visor가 있고, 각각의 로봇이 공격이나 수비, 골키퍼로 역할이 정해졌을 때 이에 맞게 로봇을 제어하는 Attack controller, Defense controller, Goalie controller가 있다.

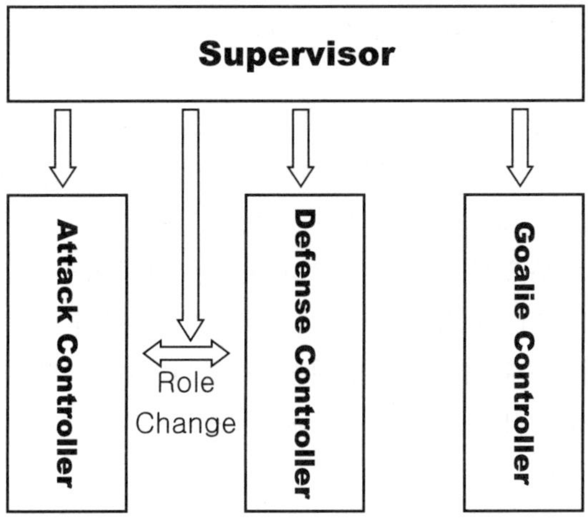

[그림 7.7] Soty Ⅳ의 전술 구조

그림 7.7에서 Supervisor는 상위에서 공격 로봇과 수비 로봇의 역할을 정하고, 상황에 따라 역할을 바꾼다. 이때, 골키퍼 로봇은 Goalie Controller의 제어를 받는다. 앞서의 설명으로 알 수 있듯이 Soty Ⅳ의 전술은 Supervisor의 역할에 좌우된다. 그러므로 Supervisor를 중심으로 전술을 설명하겠다.

Supervisor는 경기장을 세 부분으로 나누어 각각 제어하는 알고리즘을 달리한다. 다음의 그림 7.8에서처럼 공의 위치에 따라 상대 진영쪽의 공격 영역, 우리 진영쪽인 수비 영역, 그리고 중간 영역일 때로 나뉜다.

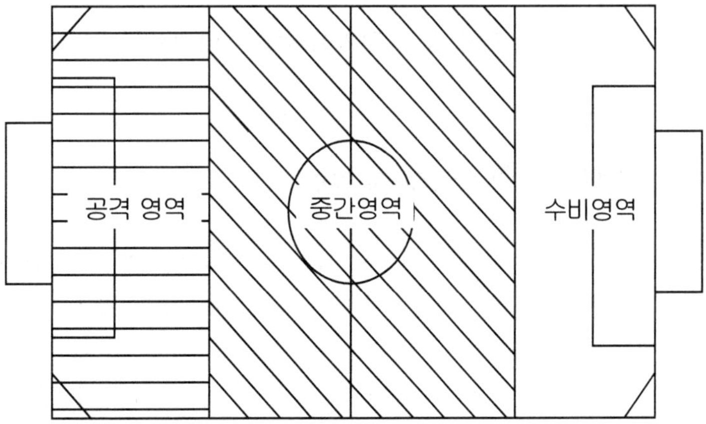

[그림 7.8] Supervisor 영역

7.5.1 공격 영역에서의 Supervisor

최근의 로봇 축구 경기에서 단조로운 드리블 공격은 상대 골키퍼에게 대부분 막히는 것을 볼 수 있다. 그러므로 다른 로봇에게 공을 패스한 후 공격하는 전술이 필요하게 됐다. Soty IV에서는 공이 상대 진영 양 구석에 있을 때 공격 영역에서 수비 로봇으로 하여금 그림 7.9의 위치에서 기다리도록 한다. 이때, 공이 공격 로봇보다 수비 로봇이 공격하기 유리한 위치(그림 7.9의 회색 영역)에 놓이면 수비 로봇이 공을 슛하도록 한다. 이를 위하여 Supervisor에서는 공격수와 수비수의 역할을 바꾸게 해서 수비 로봇이 공격 로봇이 되고, 공격 로봇이 수비 로봇이 되게 한다.

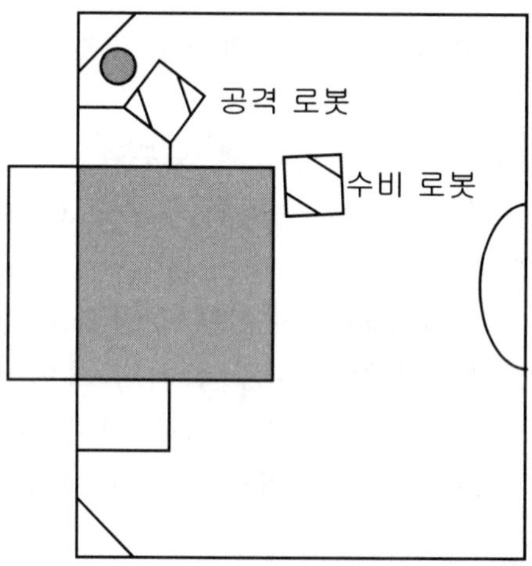

[그림 7.9] 공격 영역에서의 수비위치

7.5.2 수비 영역에서의 Supervisor

앞장에서 설명한 것과 같이 단조로운 직선 공격이나 벽을 따라가는 공격은 골키퍼 로봇이 대부분 막을 수 있다. 하지만, 패스에 이은 공격이나, 직선이 아닌 공격인 경우엔 골키퍼 로봇이 막아내기 힘들다. 그래서 Soty IV의 전술에서는 수비 영역에 공이 있을 때 골키퍼 로봇을 제외한 나머지 두 대의 로봇도 골키퍼 앞에서 수비를 하게 해서 패스를 원천적으로 막고, 직선이 아닌 공격에도 효과적으로 대처한다.

그림 7.10의 화살표와 같이 수비 로봇이 공을 상대 진영쪽으로 몰고 나가게 해서, 상대편 공격 로봇이 공을 슛하지 못하게 함과 동시에 공을 상대 진영으로 몰고 나가게 한다. 이와 동시에 공격 로봇은 수비 로봇을 방해하지 않는 위치에서 상대 로봇 중 패스를 기다리는 로봇을 방해하도록 한다.

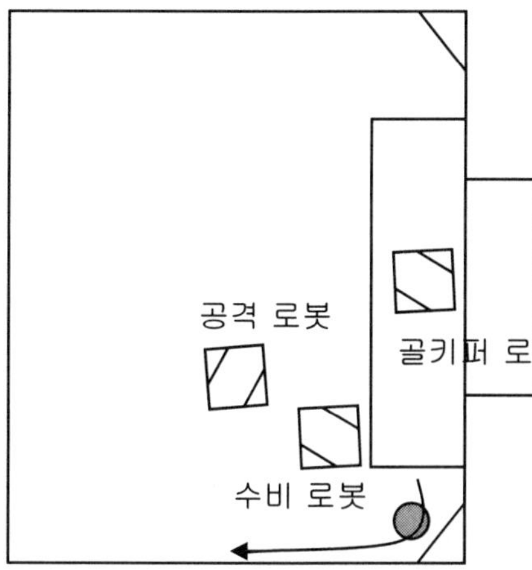

[그림 7.10] 수비 영역에서의 로봇 제어

7.5.3 중간 영역에서의 Supervisor

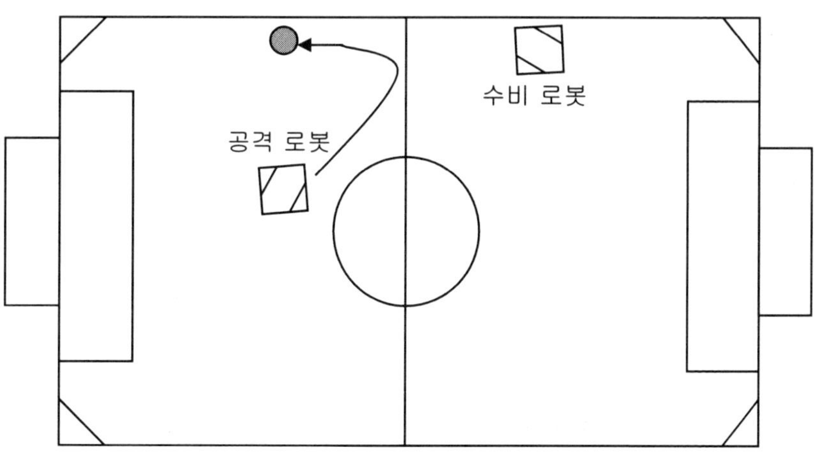

[그림 7.11] 중간 영역에서의 로봇 제어

중간 영역에서는 공을 선점하고 이를 뒤로 보내지 않는 것이 중요하다. 이를 위해서 Supervisor는 공격 로봇이 공으로 가는 동안에 수비 로봇으로 하여금 공의 뒤쪽에서 수비하도록 한다. 이는 앞서 설명한바 대로 만일의 경우 공이 뒤로 흐르면, 수비 로봇이 이 공을 막고, 이와 동시에 수비 로봇과 공격 로봇의 역할을 바꾸도록 해서 공을 몰고 공격 영역으로 가게 하기 위해서이다.

7.6 A.I.R의 전술

7.6.1 A.I.R 의 제어 구조

A.I.R은 전체 시스템을 하나의 피드백 구조로 생각하여 제어 구조를 구현하였다. A.I.R은 로봇 중심 시스템을 구현하였기 때문에, 로봇 내에서 인코더 신호를 바탕으로 모터 제어를 하게 되면 연산량이 너무 많아져 불리하다. 이러한 문제점을 제거하기 위해 비전으로부터 오는 자신의 좌표 정보를 피드백 값으로 받아들여 제어를 하는 구조를 사용한다.

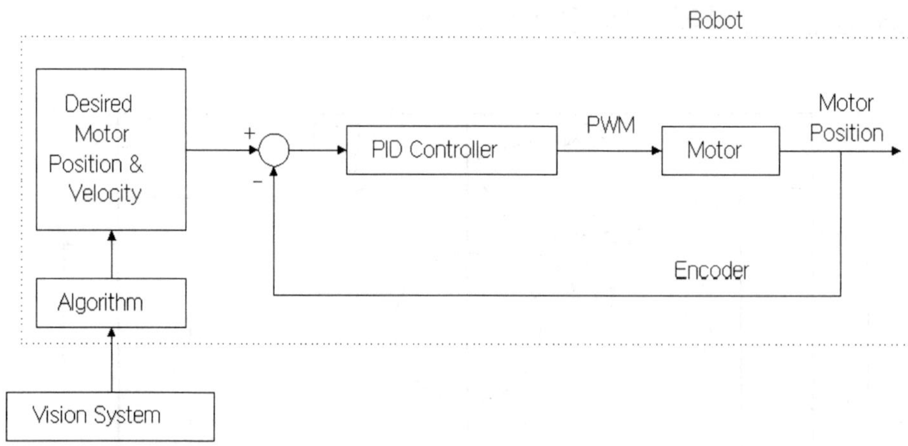

[그림 7.12] 인코더 신호를 이용한 일반적인 제어 구조

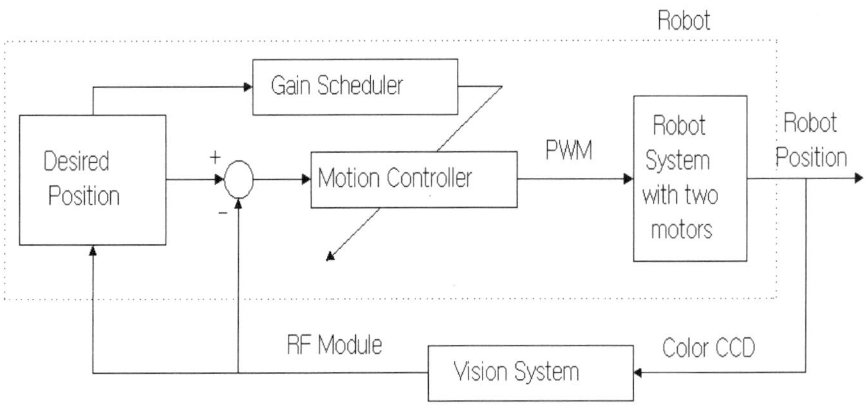

[그림 7.13] 비전 피드백과 Gain scheduler를 이용한 제어 구조

그림 7.12는 일반적으로 생각할 수 있는 구조로 로봇 내의 인코더 신호를 피드백받아 모터 제어를 하는 구조이고, 그림 7.13은 비전 시스템 정보를 피드백으로 사용하는 구조이다. 그림 7.13의 구조를 사용함으로써 전체 시스템을 하나의 완전한 피드백 시스템으로 구현하는 것이 가능하며, 비전 정보가 업데이트될 때 제어 신호가 출력되므로 제어에 큰 부하가 걸리지 않게 된다.

하지만 이와 같은 구조를 사용할 경우, 초당 30번 정도 밖에 제어를 하지 못하기 때문에 로봇이 원하는 궤적을 따라 움직이지 못하는 경우도 발생할 수 있다는 단점을 갖는다. 이를 해결하기 위해서 Gain Scheduler를 달아 움직임의 종류에 따라 그에 적합한 gain을 설정해 주도록 설계하였다.

Gain 값을 n 가지에 대하여 스케줄링한다면 Gain scheduler는 다음과 같이 표현할 수 있다.

$$\text{Gain} = \begin{bmatrix} g_{11} & g_{12} \\ g_{21} & g_{22} \\ \vdots & \vdots \\ g_{n1} & g_{n2} \end{bmatrix}$$

$$g_{ij} = F_{\text{gain}(ij)}(\Delta\theta,\ \Delta\text{distance},\ \text{direction})$$

Gain scheduler에서 선택된 gain은 PWM 신호를 결정하는데 다음과 같이 사용된다.

$$\text{Gain}_{\text{select}} = \begin{bmatrix} g_{s1} & g_{s2} \end{bmatrix}$$

$$\begin{bmatrix} PWM_{\text{left}}\, PWM_{\text{right}} \end{bmatrix} = \begin{bmatrix} g_{s1} & g_{s2} \end{bmatrix} \begin{bmatrix} \Delta\theta \\ \Delta \text{distance} \end{bmatrix} + C$$

7.6.2 A.I.R 팀의 전략

로봇 축구 시스템의 지능을 높이기 위해서는 다음과 같은 기능들을 고려해야 한다.

- 정확하고 빠른 드리블링
- 효율적인 공수의 전환
- 공의 움직임 예측
- 정확한 판단 (골키퍼)
- 최적의 경로 검색
- 로봇간의 패스
- 상대 로봇의 움직임 예측

정확하고 빠른 드리블링은 gain scheduling으로 구현이 가능하다. A.I.R 로봇은 부드러운 회전을 하기 때문에, gain scheduling을 통하여 회전 반경을 상황에 적합하도록 바꾸어 준다. 공을 드리블링하기 위해서는 부드러운 회전이 유리하며, 또한 부드러운 회전을 통해 드리블링하는 도중에 공을 놓치는 경우를 방지할 수 있다.

공수의 전환은 그림 7.14에서와 같이 경기장을 중앙선과 수직하게 반으로 나누어 두 부분을 각각 한 로봇이 전담하도록 구현한다. 공이 있는 영역의 로봇은 공격을 하게 되며, 다른 영역의 로봇은 영역의 경계선에서 공을 기다리는 수비를 하게 된다. 이러한 공수의 전환구조는 공이 다른 영역으로 넘어갈 때 수비를 하고 있던 로봇이 바로 공을 이어 받을 수 있다는 장점을 가지고 있다. 또한 공격과 수비간의 충돌이 발생할 확률이 상당히 적다는 장점을 갖는다. 공의 움직임 예측은 공의 움직임 벡터를 이용함으로써 가능하다.

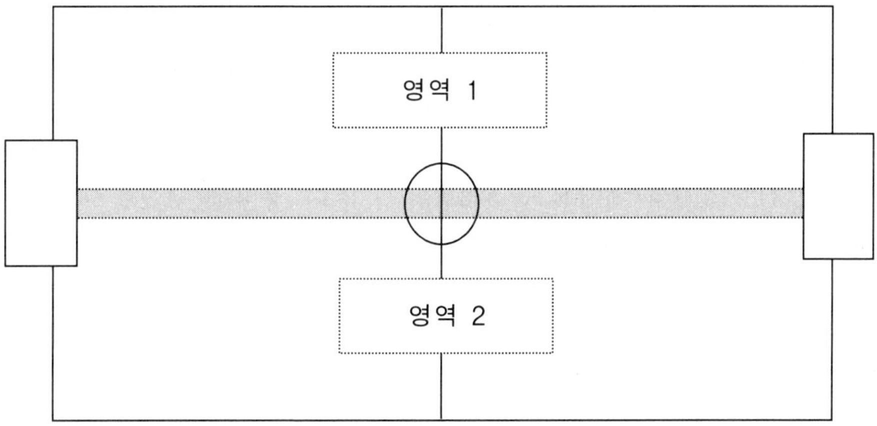

[그림 7.14] 공수의 전환 영역

즉 공의 움직임 벡터를 이용하여 바로 다음 샘플링 시간(비전 처리 시간)의 공의 위치를 계산할 수 있다. 로봇을 예측된 공의 위치로 움직이게 하면 공을 잡을 확률을 높일 수 있다.

골키퍼는 중앙선과 평행한 경기장의 좌표를 골대의 길이에 맵핑시키고, 공의 좌표에 맵핑되는 지점으로 로봇이 움직이도록 구현하였다. 또한 공의 움직임 벡터를 추가시켜 빠른 속도로 슛을 하는 경우에도 최대 속도로 달려가 공을 막을 수 있도록 구현하였다.

최적의 경로는 역시 gain scheduling으로 어느 정도 구현이 가능하다. Gain scheduling을 할 경우에는 원하는 회전 반경을 선택할 수 있기 때문에 그림 7.15에서와 같이 직진과 작은 반경의 회전으로 최적의 경로를 생성할 수 있다.

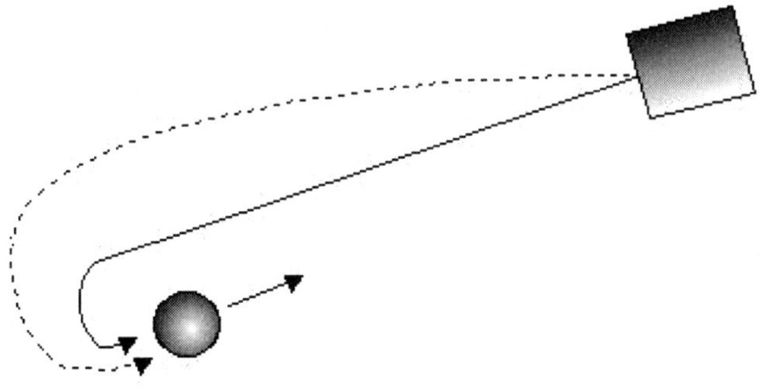

[그림 7.15] Gain Scheduling의 유무에 이동 경로의 차이

즉, 공과 가까운 위치에 있을 경우에는 회전 반경이 작도록 gain 값을 선택하고, 공과 먼 곳에 있을수록 회전 반경이 크도록 gain 값을 잡아주면, 그림 7.15와 같이 짧은 경로로 움직이는 것이 가능해 진다.

로봇간의 패스는 간접적인 구현이 가능하다. 앞에서 언급한 공수의 전환에서 수비를 영역의 경계에 배치시켜 놓음으로써 공이 영역을 넘어올 경우 바로 공을 잡아 움직일 수 있도록 했기 때문에, 간접적인 로봇간의 패스가 이루어졌다고 볼 수 있다.

상대 로봇의 움직임 예측은 S-MIROSOT 경기에서 기능을 첨가시켰다. S-MIROSOT 경기에서는 한 대의 로봇이 수비와 공격 그리고 골키퍼의 역할까지 모두 해야 하므로 각 역할간의 전환이 상당히 중요하다. 역할 전환을 하는 기준으로 상대 로봇의 좌표 정보를 추가시킴으로써 안정한 공수가 가능해 진다.

예를 들어 공이 현재 자신의 진영에 있고, 자신은 상대팀의 진영에 있다고 가정하자. 이때 상대팀 로봇의 위치를 안다면 자신이 어떻게 움직여야 할지는 쉽게 판단할 수 있다. 상대팀 로봇이 공을 몰고 가고 있다면, 자신은 최대 속도로 골키퍼의 위치로 가야 할 것이다. 상대 로봇이 공으로부터 자신보다 더 멀리 떨어져 있다면, 자신은 공을 잡으로 달려가도 된다. 또한 상대 로봇이 자신과 유사한 거리에 있다면, 공을 잡을 때의 방향각을 고려하지 않고 바로 공으로 달려가 상대 로봇이 공을 잡지 못하도록 하면 된다. 상대 로봇의 움직임 정보를 이용하면 로봇의 지능을 상당히 높일 수 있다.

그림 7.16, 7.17 그리고 7.18은 상대팀 로봇의 정보를 이용하여 구현한 간단한 전략의 예를 보여준다.

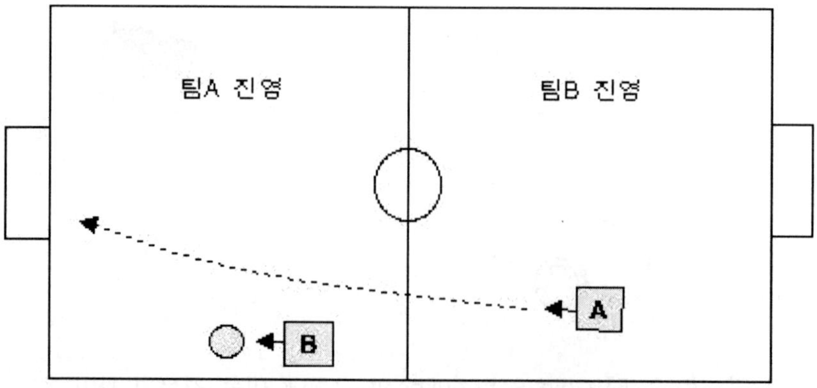

[그림 7.16] 상대팀이 공과 가까운 곳에 있을 경우

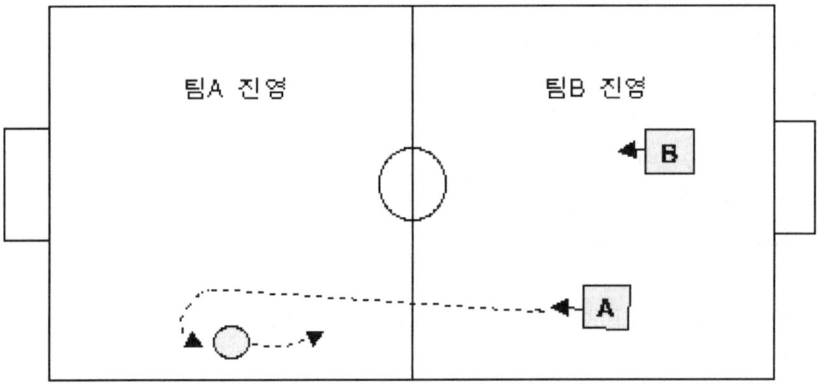

[그림 7.17] 상대팀이 공으로부터 멀리 있을 경우

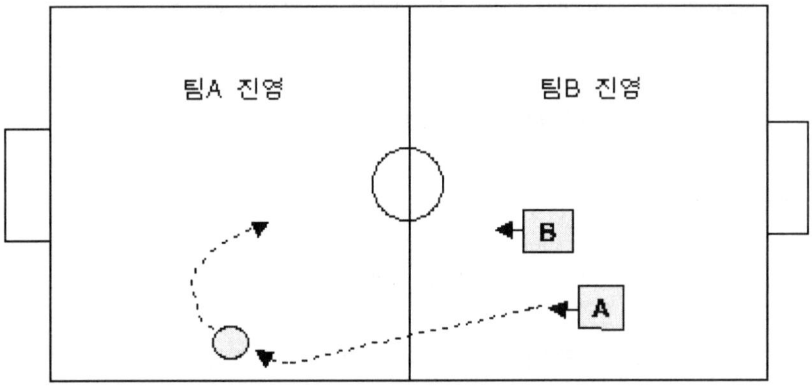

[그림 7.18] 상대팀이 공으로부터 자신과 비슷한 거리에 있을 경우

A.I.R 팀이 MIROSOT'2007에서 사용했던 전략 테스트용 로봇 프로그램 소스 코드의 주요 부분은 다음과 같다. 전략은 위에서 설명한 상황에 따른 로봇 역할 분담 전략이 있고, 각 로봇들에게 역할을 미리 배정해준 다음 구상하는 전략이 있다. 볼과 상황에 따른 로봇역할이 바뀌는 전략 다음으로 다음 코드에서는 각 로봇들에게 역할을 지정해준 전략이다.

```
void CKinggoDlg::Strategy()  // (예시) Mirosot code
{
        float Ball_x = g_fBall[0];
        float Ball_y = g_fBall[1];
        int RobotID;
        float DistanceBallToRobot[6];

        for(RobotID = 1; RobotID <= MAX_ROBOT; RobotID++)
        {
                FindRobotOrientation(RobotID);
                DistanceBallToRobot[RobotID] =
           (float)sqrt((double)((g_dMyRobot[RobotID][0]-Ball_x)*(g_dMyRobot[RobotID][0]-Ball_x)+
           (g_dMyRobot[RobotID][1]-Ball_y)*(g_dMyRobot[RobotID][1]-Ball_y)));
        }

        ////////////////5번 로봇//////////////////////////( SWEEPER )

        RobotID = 5; // 로봇 지정.

        if( Ball_x > FIELD_CENTER_X+15.0f ) //볼의 X위치가 필드 X 중앙 +15보다 클 경우
        {
        if ( Ball_y < FIELD_CENTER_Y ) // 볼의 Y좌표가 필드 Y 중앙보다 작을 경우
                {
                        g_dMyRobotGoal[RobotID][0]=FIELD_GOALLINE_LEFT+10.0f;
                        // 로봇이 X좌표의 목표로 할 곳은 FIELD_GOALLINE_LEFT+10.0
                          (자신의 영역 왼쪽 골라인보다 10.0 길이 큰 곳)
                        g_dMyRobotGoal[RobotID][1]=FIELD_GOAL_TOP-5.0f;
                        // 로봇이 Y좌표의 목표로 할 곳은 FIELD_GOAL_TOP-5.0
                        g_dMyRobotGoalVel[RobotID] = 0.0f;
                        // 로봇이 목표지점에 오면 속도 0.0으로 출력.
                }
                else // 볼의 Y좌표가 필드 Y 중앙보다 클 경우
                {
                        g_dMyRobotGoal[RobotID][0]=FIELD_GOALLINE_LEFT+10.0f;
                        // 로봇이 X좌표의 목표로 할곳은 FIELD_GOALLINE_LEFT+10.0
                          (자신의 영역 왼쪽 골라인보다 10.0 길이 큰곳)
```

```
                g_dMyRobotGoal[RobotID][1]=FIELD_GOAL_BOT+5.0f;
                // 로봇이 Y좌표의 목표로 할 곳은 FIELD_GOAL_BOT+5.0
                g_dMyRobotGoalVel[RobotID] = 0.0f;
                // 로봇이 목표지점에 오면 속도 0.0으로 출력.
        }
}
else //볼의 X위치가 필드 X 중앙 +15보다 작을 경우
{
        if ( Ball_y < FIELD_GOALLINE_TOP )
        //볼의 Y좌표가 FIELD_GOALLINE_TOP 보다 작을 경우
        {
                g_dMyRobotGoal[RobotID][0]=FIELD_GOALLINE_LEFT+10.0f;
                // 로봇이 X좌표의 목표로 할 곳은 FIELD_GOALLINE_LEFT+10.0
                g_dMyRobotGoal[RobotID][1]=FIELD_GOAL_TOP-5.0f;
                // 로봇이 Y좌표의 목표로 할 곳은 FIELD_GOAL_TOP-5.0
                g_dMyRobotGoalVel[RobotID] = 0.0f;
                // 로봇이 목표지점에 오면 속도 0.0으로 출력.
        }
        else if (Ball_y > FIELD_GOALLINE_BOT )
        //볼의 Y좌표가 FIELD_GOALLINE_TOP 보다 클 경우
        {
                g_dMyRobotGoal[RobotID][0]=FIELD_GOALLINE_LEFT+10.0f;
                // 로봇이 X좌표의 목표로 할 곳은 FIELD_GOALLINE_LEFT+10.0
                g_dMyRobotGoal[RobotID][1]=FIELD_GOAL_BOT+5.0f;
                // 로봇이 Y좌표의 목표로 할 곳은 FIELD_GOAL_BOT+5.0
                g_dMyRobotGoalVel[RobotID] = 0.0f;
                // 로봇이 목표지점에 오면 속도 0.0으로 출력.
        }
else //볼의 Y좌표가 FIELD_GOALLINE_TOP 과 FIELD_GOALLINE_TOP 사이인 경우
        {
                g_dMyRobotGoal[RobotID][0]=FIELD_GOALLINE_LEFT+10.0f;
                // 로봇이 X좌표의 목표로 할 곳은 FIELD_GOALLINE_LEFT+10.0
                g_dMyRobotGoal[RobotID][1]=Ball_y;
                // 로봇이 Y좌표의 목표로 할 곳은 현재 볼의 Y좌표
                g_dMyRobotGoalVel[RobotID] = 0.0f;
                // 로봇이 목표지점에 오면 속도 0.0으로 출력.
        }
```

```
        }

    ////////////////////////////////////////

    ////////// 3번 로봇 행동/////////////////////////////////( BOTTOM WING )
        RobotID = 3;
        if ( Ball_x > FIELD_CENTER_X )
        // 공이 상대방 진영으로 들어갔을 때. 볼이 중앙을 넘어갔을 때
        {
                if ( Ball_x > FIELD_CENTER_X && Ball_x < FIELD_PENAL_RIGHT )
                //볼의 X좌표가 중앙과 상대방 큰 패널티 박스 사이에 위치했을 때
                {
                        if ( Ball_y < FIELD_PENAL_TOP )
                        //볼의  Y좌표가 FIELD_PENAL_TOP보다 밑에 있을 때..
                        {
                                if ( Ball_x < g_dMyRobot[RobotID][0] )
                                // 공이 자신의 로봇보다 뒤에 있을 때(볼 로봇)
                                {
                                        if ( Ball_y < g_dMyRobot[RobotID][1] )
                                        // 로봇이 볼보다 위에 있을 때
                                        {

g_dMyRobotGoal[RobotID][0]=Ball_x-7.0f;
  // 로봇이 X좌표의 목표로 할 곳은 볼의 X좌표보다 7.0만큼 뒤에 위치

g_dMyRobotGoal[RobotID][1]=Ball_y+5.0f;
  // 로봇이 Y좌표의 목표로 할 곳은 볼의 Y좌표보다 5.0만큼 위에 위치.
                                        }
                                        else // 볼이 로봇보다 밑에 있을 때
                                        {

g_dMyRobotGoal[RobotID][0]=Ball_x-7.0f;
  // 로봇이 X좌표의 목표로 할 곳은 볼의 X좌표보다 7.0만큼 뒤에 위치

g_dMyRobotGoal[RobotID][1]=Ball_y+5.0f;
  // 로봇이 Y좌표의 목표로 할 곳은 볼의 Y좌표보다 5.0만큼 위에 위치.
                                        }
```

```
        }
        else // 공을 뒤에 두고 있을 때
        {
                if ( Ball_y < g_dMyRobot[RobotID][1] )
                // 로봇이 볼보다 위에 있을 때
                {
                        if(
DistanceBallToRobot[RobotID] < 4 ) //로봇과 볼의 거리가 4이하일 때
                        {

g_nRightKickCount[RobotID]=MAX_A_BOUND;
  //오른쪽 바퀴출력을 이용하여 MAX_A_BOUND만큼 회전하라.
                        }
                        else // 거리가 4 이상일 때
                        {

g_dMyRobotGoal[RobotID][0]=Ball_x;//로봇이 X좌표의 목표로 할 곳은 볼의 X좌표

g_dMyRobotGoal[RobotID][1]=Ball_y-1.5f;//로봇이 Y좌표의 목표로 할 곳은 볼의 Y좌표 -1.5인 곳.
                        }

                }
                else // 로봇이 볼보다 밑에 있을 때
                {

                        if(
DistanceBallToRobot[RobotID] < 4 )//로봇과 볼의 거리가 4이하일 때
                        {

g_nRightKickCount[RobotID]=MAX_A_BOUND;
  //오른쪽 바퀴출력을 이용하여 MAX_A_BOUND만큼 회전하라.
                        }
                        else
                        {

g_dMyRobotGoal[RobotID][0]=Ball_x;// 로봇이 X좌표의 목표로 할 곳은 볼의 X좌표

g_dMyRobotGoal[RobotID][1]=Ball_y;// 로봇이 Y좌표의 목표로 할 곳은 볼의  Y좌표
```

```
g_dMyRobotGoalVel[RobotID] = 70.0f;// 로봇이 목표지점에 오면 속도 70.0으로 출력
                                        }
                                    }
                                }
                        }
                        else //볼의  Y좌표가 FIELD_PENAL_TOP보다 위에 있을 때.
                        {
                                g_dMyRobotGoal[RobotID][0]=Ball_x-5.0f;
                                // 로봇이 X좌표의 목표로 할 곳은 볼의 X좌표 -5.0
                                g_dMyRobotGoal[RobotID][1]=FIELD_PENAL_TOP-5;
                                // 로봇이 Y좌표의 목표로 할 곳은 FIELD_PENAL_TOP-5
                                g_dMyRobotGoalVel[RobotID] = 0.0f;
                                // 로봇이 목표지점에 오면 속도 0.0으로 출력
                        }
                }
                else if ( Ball_x > FIELD_PENAL_RIGHT && Ball_x < FIELD_RIGHT_IN )

        //볼의 X좌표가 FIELD_PENAL_RIGHT과 FIELD_RIGHT_IN 사이에 위치했을 때
                {
                        if ( Ball_y < FIELD_PENAL_TOP )
                        //볼의  Y좌표가 FIELD_PENAL_TOP보다 밑에 있을 때
                        {
                                if ( Ball_x < g_dMyRobot[RobotID][0] )
                                //볼의 X좌표가 로봇의 X좌표보다 뒤에 있을 때(볼 로봇)
                                  {
                                        if ( Ball_y < g_dMyRobot[RobotID][1] )
                                        // 로봇이 볼보다 위에 있을 때
                                        {
                                                if(
DistanceBallToRobot[RobotID] < 4 )//로봇과 볼의 거리가 4이하일 때
                                                {

g_nRightKickCount[RobotID]=MAX_A_BOUND;
   //오른쪽 바퀴출력을 이용하여 MAX_A_BOUND만큼 회전하라.
                                                }
                                              else//로봇과 볼의 거리가 4이상일 때
                                                {
```

```
g_dMyRobotGoal[RobotID][0]=Ball_x-7.0f;
  // 로봇이 X좌표의 목표로 할 곳은 볼의 X좌표보다 7.0만큼 뒤에 위치

g_dMyRobotGoal[RobotID][1]=Ball_y+5.0f;
  // 로봇이 Y좌표의 목표로 할 곳은 볼의 Y좌표보다 5.0만큼 위에 위치.
                                                  }

                                            }
                                            else// 로봇이 볼보다 밑에 있을 때
                                            {
                                                  if(
DistanceBallToRobot[RobotID] < 4 )//로봇과 볼의 거리가 4이하일 때
                                                  {

g_nRightKickCount[RobotID]=MAX_A_BOUND;
  //오른쪽 바퀴출력을 이용하여 MAX_A_BOUND만큼 회전하라.
                                                  }
                                               else//로봇과 볼의 거리가 4이상일 때
                                                  {


g_dMyRobotGoal[RobotID][0]=Ball_x-7.0f;
  // 로봇이 X좌표의 목표로 할 곳은 볼의 X좌표보다 7.0만큼 뒤에 위치

g_dMyRobotGoal[RobotID][1]=Ball_y-5.0f;
  // 로봇이 Y좌표의 목표로 할 곳은 볼의 Y좌표보다 5.0만큼 밑에 위치.
                                                  }

                                            }

                                     }
                              else// 볼의 X좌표가 로봇의 X좌표보다 앞에 있을 때(로봇 볼)
                                     {
                                     g_dMyRobotGoal[RobotID][0]=Ball_x;
                                     // 로봇이 X좌표의 목표로 할 곳은 볼의 X좌표
                                     g_dMyRobotGoal[RobotID][1]=Ball_y;
                                     // 로봇이 Y좌표의 목표로 할 곳은 볼의 Y좌표
```

```
                                        g_dMyRobotGoalVel[RobotID] = 70.0f;
                                        // 로봇이 목표지점에 오면 속도 70.0으로 출력.
                                        }
                                }
                                else if(Ball_y > FIELD_PENAL_BOT)
                                //볼의  Y좌표가 FIELD_PENAL_BOT보다 위에 있을 때
                                {
    g_dMyRobotGoal[RobotID][0]=Ball_x-5.0f;
      // 로봇이 X좌표의 목표로 할 곳은 볼의 X좌표보다 5.0만큼 뒤에 위치
    g_dMyRobotGoal[RobotID][1]=FIELD_PENAL_TOP-5;
      // 로봇이 Y좌표의 목표로 할 곳은 FIELD_PENAL_TOP-5
    g_dMyRobotGoalVel[RobotID] = 0.0f;// 로봇이 목표지점에 오면 속도 0.0으로 출력.
            }
            else //볼의  Y좌표가 FIELD_PENAL_BOT과 FIELD_PENAL_TOP 사이에 있을 때
                    {
                    if(DistanceBallToRobot[RobotID] < 4 )//로봇과 볼의 거리가 4이하일 때
                    {

g_nRightKickCount[RobotID]=MAX_A_BOUND;
  //오른쪽 바퀴출력을 이용하여 MAX_A_BOUND만큼 회전하라.
                                        }
                                        else//로봇과 볼의 거리가 4이상일 때
                                        {
                                            g_dMyRobotGoal[RobotID][0]=Ball_x;
                                             // 로봇이 X좌표의 목표로 할 곳은 볼의 X좌표
                                            g_dMyRobotGoal[RobotID][1]=Ball_y;
                                             // 로봇이 Y좌표의 목표로 할 곳은 볼의 Y좌표
                                            g_dMyRobotGoalVel[RobotID] = 70.0f;
                                             // 로봇이 목표지점에 오면 속도 70.0으로 출력.
                                        }
                                }
                    }
            else if ( Ball_x > FIELD_RIGHT_IN )
            // 볼의 X좌표가 FIELD_RIGHT_IN보다 클 때(상대방 골대 안으로 볼이 들어갔을 때)
                    {
                    g_dMyRobotGoal[RobotID][0]=FIELD_PENAL_RIGHT;
                    // 로봇이 X좌표의 목표로 할 곳은 FIELD_PENAL_RIGHT
```

```
                g_dMyRobotGoal[RobotID][1]=FIELD_PENAL_TOP;
                // 로봇이 Y좌표의 목표로 할 곳은 FIELD_PENAL_TOP
                g_dMyRobotGoalVel[RobotID] = 0.0f;
                // 로봇이 목표지점에 오면 속도 0.0으로 출력.
                }
        }
        else if( Ball_x < FIELD_CENTER_X && Ball_x > FIELD_PENAL_LEFT )
        // 우리진영에 볼이 있을 때
        {
                if( Ball_x < g_dMyRobot[RobotID][0] )
                // 볼의 X좌표가 로봇의 X좌표보다 뒤에 있을 때(볼 로봇)
                {
                        if ( Ball_y < FIELD_GOALLINE_TOP )
                        // 볼의 Y좌표가 FIELD_GOALLINE_TOP보다 밑에 있을 때
                        {
                                g_dMyRobotGoal[RobotID][0]=Ball_x-7.0f;
                                // 로봇이 X좌표의 목표로 할 곳은 볼의 X좌표 -7.0
                                g_dMyRobotGoal[RobotID][1]=Ball_y+5.0f;
                                // 로봇이 Y좌표의 목표로 할 곳은 볼의  Y좌표 +5.0

                        }
                        else// 볼의 Y좌표가 FIELD_GOALLINE_TOP보다 위에 있을 때
                        {
                            g_dMyRobotGoal[RobotID][0]=Ball_x-5.0f;
                            //로봇이 X좌표의 목표로 할 곳은 볼의 X좌표 -5.0
                            g_dMyRobotGoal[RobotID][1]=FIELD_PENAL_TOP-5.0f;
                            //로봇이 Y좌표의 목표로 할 곳은 FIELD_PENAL_TOP-5.0
                            g_dMyRobotGoalVel[RobotID] = 0.0f;
                            //로봇이 목표지점에 오면 속도 0.0으로 출력.

                        }
                }
                else// 볼의 X좌표가 로봇의 X좌표보다 앞에 있을 때(로봇 볼)
                {
                        if(Ball_y < FIELD_GOALLINE_TOP )
                        // 볼의 Y좌표가 FIELD_GOALLINE_TOP보다 밑에 있을 때
                        {
```

```
                    if(DistanceBallToRobot[RobotID] < 4 )
                    //로봇과 볼의 거리가 4이하일 때
                    {
g_nRightKickCount[RobotID]=MAX_A_BOUND;
  //오른쪽 바퀴출력을 이용하여 MAX_A_BOUND만큼 회전하라.
                    }
                    else//로봇과 볼의 거리가 4이상일 때
                    {
                      g_dMyRobotGoal[RobotID][0]=Ball_x;
                      //로봇이 X좌표의 목표로 할 곳은 볼의 X좌표
                      g_dMyRobotGoal[RobotID][1]=Ball_y-3.0f;
                      //로봇이 Y좌표의 목표로 할 곳은 볼의  Y좌표 -3.0
                    }

                }
                else// 볼의 Y좌표가 FIELD_GOALLINE_TOP보다 위에 있을 때
                {
                    g_dMyRobotGoal[RobotID][0]=Ball_x-5.0f;
                    // 로봇이 X좌표의 목표로 할 곳은 볼의 X좌표 -5.0
                    g_dMyRobotGoal[RobotID][1]=FIELD_PENAL_TOP-5.0f;
                    // 로봇이 Y좌표의 목표로 할 곳은 FIELD_PENAL_TOP-5.0
                    g_dMyRobotGoalVel[RobotID] = 0.0f;
                    // 로봇이 목표지점에 오면 속도 0.0으로 출력.

                }
            }
        }
        else if( Ball_x < FIELD_PENAL_LEFT )// 볼의 X좌표가 FIELD_PENAL_LEFT 작을 때
        {
            if ( Ball_y < FIELD_GOALLINE_TOP )
            //볼의 Y좌표가 FIELD_GOALLINE_TOP 작을 때
            {
                if(Ball_x < g_dMyRobot[RobotID][0])
                // 볼의 X좌표가 로봇의 X좌표보다 뒤에 있을 때(볼 로봇)
                {
                    g_dMyRobotGoal[RobotID][0]=FIELD_LEFT_IN;
```

```
                        // 로봇이 X좌표의 목표로 할 곳은 FIELD_LEFT_IN
                    g_dMyRobotGoal[RobotID][1]=FIELD_PENAL_TOP-5.0f;
                     // 로봇이 Y좌표의 목표로 할 곳은 FIELD_PENAL_TOP-5.0
                    g_dMyRobotGoalVel[RobotID] = 0.0f;
                     // 로봇이 목표지점에 오면 속도 0.0으로 정지.
                }
                else// 볼의 X좌표가 로봇의 X좌표보다 앞에 있을 때(로봇 볼)
                {
                        if(          DistanceBallToRobot[RobotID] < 4 )
                         //로봇과 볼의 거리가 4이하일 때
                        {

g_nRightKickCount[RobotID]=MAX_A_BOUND;
  //오른쪽 바퀴출력을 이용하여 MAX_A_BOUND만큼 회전하라.
                        }
                        else//로봇과 볼의 거리가 4이상일 때
                        {
                            g_dMyRobotGoal[RobotID][0]=Ball_x;
                             // 로봇이 X좌표의 목표로 할 곳은 볼의 X좌표
                            g_dMyRobotGoal[RobotID][1]=Ball_y;
                             // 로봇이 Y좌표의 목표로 할 곳은 볼의 Y좌표
                            g_dMyRobotGoalVel[RobotID] = 70.0f;
                             // 로봇이 목표지점에 오면 속도 70.0으로 돌진
                        }
                }
            }
            else//볼의 Y좌표가 FIELD_GOALLINE_TOP 보다 클 때
            {
                g_dMyRobotGoal[RobotID][0]=Ball_x-5.0f;
                // 로봇이 X좌표의 목표로 할 곳은 볼의 X좌표 -5.0
                g_dMyRobotGoal[RobotID][1]=FIELD_PENAL_TOP-5;
                // 로봇이 Y좌표의 목표로 할 곳은 FIELD_PENAL_TOP-5.0
            }

    }

//////////////////////////////
```

```
        /////////2번 로봇 행동./////////////// ( TOP WING )
        RobotID=2;
        if ( Ball_x > FIELD_CENTER_X )
        // 공이 상대방 진영으로 들어갔을 때. 볼이 중앙을 넘어갔을 때
        {
                if ( Ball_x > FIELD_CENTER_X && Ball_x < FIELD_PENAL_RIGHT )
                //볼의 X좌표가 중앙과 상대방 큰 패널티 박스 사이에 위치했을 때
                {
                        if ( Ball_y > FIELD_PENAL_BOT )
                        //볼의  Y좌표가 FIELD_PENAL_BOT보다 위에 있을 때
                        {
                                if ( Ball_x < g_dMyRobot[RobotID][0] )
                                 // 공이 자신의 로봇보다 뒤에 있을 때(볼 로봇)
                                {
                                        if ( Ball_y < g_dMyRobot[RobotID][1] )
                                         // 로봇이 볼보다 위에 있을 때
                                        {

g_dMyRobotGoal[RobotID][0]=Ball_x-7.0f;
  // 로봇이 X좌표의 목표로 할 곳은 볼의 X좌표보다 7.0만큼 뒤에 위치

g_dMyRobotGoal[RobotID][1]=Ball_y-5.0f;
  // 로봇이 Y좌표의 목표로 할 곳은 볼의 Y좌표보다 5.0만큼 밑에 위치

                                        }
                                        else// 볼이 로봇보다 밑에 있을 때
                                        {

g_dMyRobotGoal[RobotID][0]=Ball_x-7.0f;
  // 로봇이 X좌표의 목표로 할 곳은 볼의 X좌표보다 7.0만큼 뒤에 위치

g_dMyRobotGoal[RobotID][1]=Ball_y-5.0f;
  // 로봇이 Y좌표의 목표로 할 곳은 볼의 Y좌표보다 5.0만큼 밑에 위치

                                        }
                                }
                                else // 공을 뒤에 두고 있을 때
```

```
                                        {
                                                if ( Ball_y > g_dMyRobot[RobotID][1] )
                                                // 로봇이 볼보다 밑에 있을 때
                                                {

g_dMyRobotGoal[RobotID][0]=Ball_x;//로봇이 X좌표의 목표로 할 곳은 볼의 X좌표

g_dMyRobotGoal[RobotID][1]=Ball_y+1.5f;//로봇이 Y좌표의 목표로 할 곳은 볼의  Y좌표 +1.5인 곳

                                                }
                                                else // 로봇이 볼보다 위에 있을 때
                                                {

g_dMyRobotGoal[RobotID][0]=Ball_x;// 로봇이 X좌표의 목표로 할 곳은 볼의 X좌표

g_dMyRobotGoal[RobotID][1]=Ball_y;// 로봇이 Y좌표의 목표로 할 곳은 볼의  Y좌표
                                g_dMyRobotGoalVel[RobotID] = 70.0f;
                                // 로봇이 목표지점에 오면 속도 70.0으로 출력
                                                }
                                        }
                        }
                        else //볼의  Y좌표가 FIELD_PENAL_BOT보다 밑에 있을 때
                        {
                                g_dMyRobotGoal[RobotID][0]=Ball_x-5.0f;
                                // 로봇이 X좌표의 목표로 할 곳은 볼의 X좌표 -5.0
                                g_dMyRobotGoal[RobotID][1]=FIELD_PENAL_BOT+5;
                                // 로봇이 Y좌표의 목표로 할 곳은 FIELD_PENAL_BOT+5
                                g_dMyRobotGoalVel[RobotID] = 0.0f;
                                // 로봇이 목표지점에 오면 속도 0.0으로 정지
                        }
                }
        else if ( Ball_x > FIELD_PENAL_RIGHT&& Ball_x < FIELD_RIGHT_IN )
        //볼의 X좌표가 FIELD_PENAL_RIGHT과 FIELD_RIGHT_IN사이에 위치했을 때
                {
                        if ( Ball_y > FIELD_PENAL_BOT )
                        //볼의  Y좌표가 FIELD_PENAL_BOT보다 위에 있을 때
                        {
                        if ( Ball_x < g_dMyRobot[RobotID][0] )
```

```
                    // 볼의 X좌표가 로봇의 X좌표보다 뒤에 있을 때(볼 로봇)
                        {
                            if ( Ball_y < g_dMyRobot[RobotID][1] )
                            // 로봇이 볼보다 위에 있을 때
                            {

g_dMyRobotGoal[RobotID][0]=Ball_x-7.0f;
 // 로봇이 X좌표의 목표로 할 곳은 볼의 X좌표보다 7.0만큼 뒤에 위치

g_dMyRobotGoal[RobotID][1]=Ball_y-5.0f;
 // 로봇이 Y좌표의 목표로 할 곳은 볼의 Y좌표보다 5.0만큼 밑에 위치.
                            }
                            else// 로봇이 볼보다 밑에 있을 때
                            {

g_dMyRobotGoal[RobotID][0]=Ball_x-7.0f;
 // 로봇이 X좌표의 목표로 할 곳은 볼의 X좌표보다 7.0만큼 뒤에 위치

g_dMyRobotGoal[RobotID][1]=Ball_y-5.0f;
 // 로봇이 Y좌표의 목표로 할 곳은 볼의 Y좌표보다 5.0만큼 밑에 위치.

                            }

                        }
                    else// 볼의 X좌표가 로봇의 X좌표보다 앞에 있을 때(로봇 볼)
                        {
                        g_dMyRobotGoal[RobotID][0]=Ball_x;
                         // 로봇이 X좌표의 목표로 할 곳은 볼의 X좌표
                        g_dMyRobotGoal[RobotID][1]=Ball_y;
                         // 로봇이 Y좌표의 목표로 할 곳은 볼의 Y좌표
                        g_dMyRobotGoalVel[RobotID] = 70.0f;
                         // 로봇이 목표지점에 오면 속도 70.0으로 돌진
                        }
                    }
                    else if( Ball_y < FIELD_PENAL_TOP)
                    //볼의  Y좌표가 FIELD_PENAL_TOP보다  밑에 있을 때
                    {
```

```
            g_dMyRobotGoal[RobotID][0]=Ball_x-5.0f;
            // 로봇이 X좌표의 목표로 할 곳은 볼의 X좌표보다 5.0만큼 뒤에 위치
            g_dMyRobotGoal[RobotID][1]=FIELD_PENAL_BOT+5.0f;
            // 로봇이 Y좌표의 목표로 할 곳은 FIELD_PENAL_BOT+
            g_dMyRobotGoalVel[RobotID] = 0.0f;
            // 로봇이 목표지점에 오면 속도 0.0으로 정지
                    }
else//볼의  Y좌표가 FIELD_PENAL_BOT과 FIELD_PENAL_TOP 사이에 있을 때.
                    {
                            if(        DistanceBallToRobot[RobotID] < 4 )
                            //로봇과 볼의 거리가 4이하일 때
                            {
g_nLeftKickCount[RobotID]=MAX_A_BOUND;
//왼쪽 바퀴출력을 이용하여 MAX_A_BOUND만큼 회전하라.
                            }
                            else//로봇과 볼의 거리가 4이상일 때
                            {
                            g_dMyRobotGoal[RobotID][0]=Ball_x;
                            // 로봇이 X좌표의 목표로 할 곳은 볼의 X좌표
                            g_dMyRobotGoal[RobotID][1]=Ball_y;
                            // 로봇이 Y좌표의 목표로 할 곳은 볼의 Y좌표
                            g_dMyRobotGoalVel[RobotID] = 70.0f;
                            // 로봇이 목표지점에 오면 속도 70.0으로 돌진
                            }
                    }
            }
else if ( Ball_x > FIELD_RIGHT_IN )
// 볼의 X좌표가 FIELD_RIGHT_IN보다 클 때(상대방 골대 안으로 볼이 들어갔을 때)
            {
                    g_dMyRobotGoal[RobotID][0]=FIELD_PENAL_RIGHT;
                    // 로봇이 X좌표의 목표로 할 곳은 FIELD_PENAL_RIGHT
                    g_dMyRobotGoal[RobotID][1]=FIELD_PENAL_BOT;
                    // 로봇이 Y좌표의 목표로 할 곳은 FIELD_PENAL_BOT
                    g_dMyRobotGoalVel[RobotID] = 0.0f;
                    // 로봇이 목표지점에 오면 속도 0.0으로 정지
            }
```

```
        }
        else if( Ball_x < FIELD_CENTER_X && Ball_x > FIELD_PENAL_LEFT )
        // 우리진영에 볼이 있을 때.
        {
                if( Ball_x < g_dMyRobot[RobotID][0] )
                // 볼의 X좌표가 로봇의 X좌표보다 뒤에 있을 때(볼 로봇)
                {
                        if ( Ball_y > FIELD_GOALLINE_BOT )
                        // 볼의 Y좌표가 FIELD_GOALLINE_BOT보다  위에 있을 때.
                        {
                                g_dMyRobotGoal[RobotID][0]=Ball_x-7.0f;
                                // 로봇이 X좌표의 목표로 할 곳은 볼의 X좌표 -7.0
                                g_dMyRobotGoal[RobotID][1]=Ball_y-5.0f;
                                // 로봇이 Y좌표의 목표로 할 곳은 볼의 Y좌표 -5.0

                        }
                        else// 볼의 Y좌표가 FIELD_GOALLINE_BOT보다  밑에 있을 때.
                        {
                            g_dMyRobotGoal[RobotID][0]=Ball_x-5.0f;
                            //로봇이 X좌표의 목표로 할 곳은 볼의 X좌표 -5.0
                            g_dMyRobotGoal[RobotID][1]=FIELD_PENAL_BOT+5.0f;
                            //로봇이 Y좌표의 목표로 할 곳은 FIELD_PENAL_BOT+5.0
                            g_dMyRobotGoalVel[RobotID] = 0.0f;
                            //로봇이 목표지점에 오면 속도 0.0으로 정지

                        }
                }
                else// 볼의 X좌표가 로봇의 X좌표보다 앞에 있을 때(로봇 볼)
                {
                        if ( Ball_y > FIELD_GOALLINE_BOT )
                        // 볼의 Y좌표가 FIELD_GOALLINE_BOT보다  위에 있을 때
                        {
                                g_dMyRobotGoal[RobotID][0]=Ball_x-7.0f;
                                 // 로봇이 X좌표의 목표로 할 곳은 볼의 X좌표 -7.0
                                g_dMyRobotGoal[RobotID][1]=Ball_y-5.0f;
                                 // 로봇이 Y좌표의 목표로 할 곳은 볼의 Y좌표 -5.0
```

```
            }
            else// 볼의 Y좌표가 FIELD_GOALLINE_BOT보다  밑에 있을 때.
            {
                g_dMyRobotGoal[RobotID][0]=Ball_x-5.0f;
                //로봇이 X좌표의 목표로 할 곳은 볼의 X좌표 -5.0
                g_dMyRobotGoal[RobotID][1]=FIELD_PENAL_BOT+5.0f;
                //로봇이 Y좌표의 목표로 할 곳은 FIELD_PENAL_BOT+5.0
                g_dMyRobotGoalVel[RobotID] = 0.0f;
                //로봇이 목표지점에 오면 속도 0.0으로 정지


            }
        }
}
else if( Ball_x < FIELD_PENAL_LEFT )
// 볼의 X좌표가 FIELD_PENAL_LEFT보다 작을 때
{
        if ( Ball_y > FIELD_GOALLINE_BOT )
        //볼의 Y좌표가 FIELD_GOALLINE_BOT보다 클 때
        {
            if(Ball_x < g_dMyRobot[RobotID][0])
            // 볼의 X좌표가 로봇의 X좌표보다 뒤에 있을 때(볼 로봇)
            {
                if(        DistanceBallToRobot[RobotID] < 4 )
                 //로봇과 볼의 거리가 4이하일 때
                {
              g_nLeftKickCount[RobotID]=MAX_A_BOUND;
              //왼쪽 바퀴출력을 이용하여 MAX_A_BOUND만큼 회전하라.
                }
                else//로봇과 볼의 거리가 4이상일 때
                {

              g_dMyRobotGoal[RobotID][0]=FIELD_LEFT_IN;
              // 로봇이 X좌표의 목표로 할 곳은 FIELD_LEFT_IN
              g_dMyRobotGoal[RobotID][1]=FIELD_PENAL_BOT+5.0f;
              // 로봇이 Y좌표의 목표로 할 곳은 FIELD_PENAL_BOT+5.0
              g_dMyRobotGoalVel[RobotID] = 0.0f;
              // 로봇이 목표지점에 오면 속도 0.0으로 정지
```

```
                        }
                }
                else// 볼의 X좌표가 로봇의 X좌표보다 앞에 있을 때(로봇 볼)
                {
                        if(          DistanceBallToRobot[RobotID] < 4 )
                         //로봇과 볼의 거리가 4이하일 때
                        {
                  g_nLeftKickCount[RobotID]=MAX_A_BOUND;
                   //왼쪽 바퀴출력을 이용하여 MAX_A_BOUND만큼 회전하라.
                        }
                        else//로봇과 볼의 거리가 4이상일 때
                        {

                                g_dMyRobotGoal[RobotID][0]=Ball_x;
                                 // 로봇이 X좌표의 목표로 할 곳은 볼의 X좌표
                                g_dMyRobotGoal[RobotID][1]=Ball_y;
                                 // 로봇이 Y좌표의 목표로 할 곳은 볼의 Y좌표
                                g_dMyRobotGoalVel[RobotID] = 70.0f;
                                 // 로봇이 목표지점에 오면 속도 70.0으로 돌진
                        }
                }
        }
        else//볼의 Y좌표가 FIELD_GOALLINE_BOT 보다 작을 때
        {
                g_dMyRobotGoal[RobotID][0]=Ball_x-5.0f;
                // 로봇이 X좌표의 목표로 할 곳은 볼의 X좌표 -5.0
                g_dMyRobotGoal[RobotID][1]=FIELD_PENAL_BOT+5.0f;
                // 로봇이 Y좌표의 목표로 할 곳은 FIELD_PENAL_BOT+5.0
                g_dMyRobotGoalVel[RobotID] = 0.0f;
                // 로봇이 목표지점에 오면 속도 0.0으로 정지
        }
}

/////////4번 로봇 행동./////////////// ( MIDDLE )
RobotID=4;
if(Ball_x > FCENTERX && Ball_x < FIELD_RIGHT_IN )
 // 볼의 X좌표가 필드 중앙보다 크고 FIELD_RIGHT_IN보다 작을 때
```

```
{
            if(Ball_y > FIELD_GOALLINE_TOP && Ball_y < FIELD_GOALLINE_BOT )

    // 볼의 Y좌표가 FIELD_GOALLINE_TOP과 FIELD_GOALLINE_BOT사이에 있을 때
            {
                        if ( Ball_x > g_dMyRobot[RobotID][0] )
                        // 볼의 X좌표가 로봇의 X좌표보다 앞에 있을 때
                        {
                                    if(Ball_y <  g_dMyRobot[RobotID][1])
                                    // 볼의 Y좌표가 로봇의 Y좌표보다 아래에 있을 때
                                    {
                                            if(Ball_y > FCENTERY )
                                            // 볼의 Y좌표가 FCENTERY보다 위에 있을 때
                                              {

                                            if( DistanceBallToRobot[RobotID] < 5 )
                                            // 볼과 로봇 사이의 거리가 5이하일 때
                                                          {

g_nRightKickCount[RobotID]=MAX_A_BOUND;// 오른쪽으로 MAX_A_BOUND만큼 회전.
                                                          }
                                    else// 볼과 로봇 사이의 거리가 5 이상일 때
                                                          {

g_dMyRobotGoal[RobotID][0]=Ball_x;// 로봇이 X좌표의 목표로 할 곳은 볼의 X좌표

g_dMyRobotGoal[RobotID][1]=Ball_y;// 로봇이 Y좌표의 목표로 할 곳은 볼의 Y좌표
                                                          }
                                              }
                                    else// 볼의 Y좌표가 FCENTERY보다 아래에 있을 때
                                              {
                                                          if(
DistanceBallToRobot[RobotID] < 5 )// 볼과 로봇 사이의 거리가 5이하일 때
                                                          {

g_nRightKickCount[RobotID]=MAX_A_BOUND;// 오른쪽으로 MAX_A_BOUND만큼 회전.
                                                          }
                                    else// 볼과 로봇 사이의 거리가 5이상일 때
                                                          {
```

```
g_dMyRobotGoal[RobotID][0]=Ball_x;// 로봇이 X좌표의 목표로 할 곳은 볼의 X좌표

g_dMyRobotGoal[RobotID][1]=Ball_y;// 로봇이 Y좌표의 목표로 할 곳은 볼의 Y좌표
                                                }
                                    }
                        }
                        else // 볼의 Y좌표가 로봇의 Y좌표보다 위에 있을 때
                        {
                        if(Ball_y > FCENTERY )
                        // 볼의 Y좌표가 FCENTERY보다 위에 있을 때
                                    {

                                                if(
DistanceBallToRobot[RobotID] < 5 )// 볼과 로봇사이의 거리가 5이하일 때
                                                {

g_nRightKickCount[RobotID]=MAX_A_BOUND;// 오른쪽으로 MAX_A_BOUND만큼 회전
                                                }
                        else// 볼과 로봇 사이의 거리가 5 이상일 때
                                                {

g_dMyRobotGoal[RobotID][0]=Ball_x;// 로봇이 X좌표의 목표로 할 곳은 볼의 X좌표

g_dMyRobotGoal[RobotID][1]=Ball_y;// 로봇이 Y좌표의 목표로 할 곳은 볼의 Y좌표
                                                }
                                    }
                        else// 볼의 Y좌표가 FCENTERY보다 아래에 있을 때
                                    {
                                                if(
DistanceBallToRobot[RobotID] < 5 )// 볼과 로봇 사이의 거리가 5이하일 때
                                                {

g_nRightKickCount[RobotID]=MAX_A_BOUND;// 오른쪽으로 MAX_A_BOUND만큼 회전
                                                }
                        else// 볼과 로봇 사이의 거리가 5이상일 때
                                                {

g_dMyRobotGoal[RobotID][0]=Ball_x;// 로봇이 X좌표의 목표로 할 곳은 볼의 X좌표
```

```
g_dMyRobotGoal[RobotID][1]=Ball_y;// 로봇이 Y좌표의 목표로 할 곳은 볼의 Y좌표
                                                }
                                        }
                                }
                        }
                        else // 로봇이 볼 뒤로 돌아가야 할 때.
                        {
                                if(Ball_y < g_dMyRobot[RobotID][1] )
                                // 볼의 Y좌표가 로봇의 Y좌표보다 아래에 있을 때
                                {
                                g_dMyRobotGoal[RobotID][0]=Ball_x-7.0f;
                                // 로봇이 X좌표의 목표로 할 곳은 볼의 X좌표 -7.0
                                g_dMyRobotGoal[RobotID][1]=Ball_y+5.0f;
                                // 로봇이 Y좌표의 목표로 할 곳은 볼의 Y좌표 +5.0
                                }
                                else// 볼의 Y좌표가 로봇의 Y좌표보다 아래에 있을 때
                                {
                                g_dMyRobotGoal[RobotID][0]=Ball_x-7.0f;
                                // 로봇이 X좌표의 목표로 할 곳은 볼의 X좌표 -7.0
                                g_dMyRobotGoal[RobotID][1]=Ball_y-5.0f;
                                // 로봇이 Y좌표의 목표로 할 곳은 볼의 Y좌표 +5.0
                                }
                        }
                }
  else// 볼의 Y좌표가 FIELD_GOALLINE_TOP과 FIELD_GOALLINE_BOT사이에 있지 않을 때
                {
                        if(      DistanceBallToRobot[RobotID] < 5 )
                        // 볼과 로봇 사이의 거리가 5이하일 때
                        {

                                g_nRightKickCount[RobotID]=MAX_A_BOUND;
                                // 오른쪽으로 MAX_A_BOUND만큼 회전
                        }
                        else// 볼과 로봇 사이의 거리가 5이상일 때
                        {
                        g_dMyRobotGoal[RobotID][0]=FCENTERX;
```

```
                        // 로봇이 X좌표의 목표로 할 곳은 FCENTERX(필드 중앙)
                                g_dMyRobotGoal[RobotID][1]=Ball_y;
                                // 로봇이 Y좌표의 목표로 할 곳은 볼의 Y좌표
                                g_dMyRobotGoalVel[RobotID]=0.0f;
                                // 로봇이 목표지점에 도착하면 정지.
                        }

                }
        }

else if ( Ball_x > FIELD_RIGHT_IN )
 // 볼의 X좌표가 FIELD_RIGHT_IN 보다 클 때(로봇이 상대방 골대 안으로 들어갔을 때)
        {

                g_dMyRobotGoal[RobotID][0]=FIELD_PENAL_RIGHT-7.0f;
                // 로봇이 X좌표의 목표로 할 곳은 FIELD_PENAL_RIGHT-7.0
                g_dMyRobotGoal[RobotID][1]=FCENTERY;
                // 로봇이 Y좌표의 목표로 할 곳은 FCENTERY (필드 중앙)
                g_dMyRobotGoalVel[RobotID] = 0.0f;
                // 로봇이 목표지점에 도착하면 정지
        }

        else if(Ball_x < FCENTERX && Ball_x > FIELD_PENAL_LEFT+10.0f )
       // 볼의X좌표가 필드중앙보다 작고 FIELD_PENAL_LEFT+10.0 보다 클 때
        {
                if( Ball_y < FIELD_PENAL_TOP )
                // 볼의 Y좌표가 FIELD_PENAL_TOP 아래에 있을 때
                {
                        g_dMyRobotGoal[RobotID][0]=FIELD_PENAL_LEFT+15.0f;
                        // 로봇이 X좌표의 목표로 할 곳은 FIELD_PENAL_LEFT+15.0
                        g_dMyRobotGoal[RobotID][1]=FIELD_PENAL_TOP+5.0f;
                        // 로봇이 Y좌표의 목표로 할 곳은 FIELD_PENAL_TOP+5.0
                        g_dMyRobotGoalVel[RobotID]=0.0f;
                        // 로봇이 목표지점에 도착하면 정지
                }
                else if(Ball_y > FIELD_PENAL_BOT)
                // 볼의 Y좌표가 FIELD_PENAL_BOT 위에 있을 때
```

```
        {
                g_dMyRobotGoal[RobotID][0]=FIELD_PENAL_LEFT+15.0f;
                // 로봇이 X좌표의 목표로 할 곳은 FIELD_PENAL_LEFT+15.0
                g_dMyRobotGoal[RobotID][1]=FIELD_PENAL_BOT-5.0f;
                // 로봇이 Y좌표의 목표로 할 곳은 FIELD_PENAL_BOT-5.0
                g_dMyRobotGoalVel[RobotID]=0.0f;
                // 로봇이 목표지점에 도착하면 정지
        }
    else// 볼의 Y좌표가 FIELD_PENAL_TOP과 FIELD_PENAL_BOT 사이에 있을 때
        {
                if ( Ball_x < g_dMyRobot[RobotID][0] )
                // 볼의 X좌표가 로봇의 X좌표보다 뒤에 있을 때
                {
                        if ( Ball_y > g_dMyRobot[RobotID][1] )
                        // 볼의 Y좌표가 로봇의 Y좌표보다 위에 있을 때
                        {
                        g_dMyRobotGoal[RobotID][0]=Ball_x-5.0f;
                        // 로봇이 X좌표의 목표로 할 곳은 볼의 X좌표 -5.0
                        g_dMyRobotGoal[RobotID][1]=Ball_y-5.0f;
                        // 로봇이 Y좌표의 목표로 할 곳은 볼의 Y좌표
                        g_dMyRobotGoalVel[RobotID] = 0.0f;
                        // 로봇이 목표지점에 도착하면 정지
                        }
                    else // 볼의 Y좌표가 로봇의 Y좌표보다 아래에 있을 때
                        {
                        g_dMyRobotGoal[RobotID][0]=Ball_x-5.0f;
                        // 로봇이 X좌표의 목표로 할 곳은 볼의 X좌표 -5.0
                        g_dMyRobotGoal[RobotID][1]=Ball_y+5.0f;
                        // 로봇이 Y좌표의 목표로 할 곳은 볼의 Y좌표
                        g_dMyRobotGoalVel[RobotID] = 0.0f;
                        // 로봇이 목표지점에 도착하면 정지
                        }
                }
                else// 볼의 X좌표가 로봇의 X좌표보다 앞에 있을 때
                {
                        g_dMyRobotGoal[RobotID][0]=Ball_x;
                        // 로봇이 X좌표의 목표로 할 곳은 볼의 X좌표
```

```
                    g_dMyRobotGoal[RobotID][1]=Ball_y;
                    // 로봇이 Y좌표의 목표로 할 곳은 볼의 Y좌표
                    g_dMyRobotGoalVel[RobotID] = 70.0f;
                    // 로봇이 목표지점에 도착하면 70.0으로 돌진
                }
            }
}

else // 볼의 X좌표가 FIELD_PENAL_LEFT+10.0 보다 뒤에 있을 때
{
            if( Ball_y < FIELD_PENAL_TOP )
            // 볼의 Y좌표가 FIELD_PENAL_TOP 보다 밑에 있을 때
            {
                g_dMyRobotGoal[RobotID][0]=FIELD_PENAL_LEFT+15.0f;
                // 로봇이 X좌표의 목표로 할 곳은 FIELD_PENAL_LEFT+15.0
                g_dMyRobotGoal[RobotID][1]=FIELD_PENAL_TOP+5.0f;
                // 로봇이 Y좌표의 목표로 할 곳은 FIELD_PENAL_TOP+5.0
                g_dMyRobotGoalVel[RobotID]=0.0f;
                // 로봇이 목표지점에 도착하면 정지
            }
            else if(Ball_y > FIELD_PENAL_BOT)
            // 볼의 Y좌표가 FIELD_PENAL_BOT 보다 위에 있을 때
            {
                g_dMyRobotGoal[RobotID][0]=FIELD_PENAL_LEFT+15.0f;
                // 로봇이 X좌표의 목표로 할곳은 FIELD_PENAL_LEFT+15.0
                g_dMyRobotGoal[RobotID][1]=FIELD_PENAL_BOT-5.0f;
                // 로봇이 Y좌표의 목표로 할곳은 FIELD_PENAL_BOT-5.0
                g_dMyRobotGoalVel[RobotID]=0.0f;
                // 로봇이 목표지점에 도착하면 정지
            }
else //볼의 Y좌표가 FIELD_PENAL_TOP과 FIELD_PENAL_BOT 사이에 있을 때
            {
                g_dMyRobotGoal[RobotID][0]=FIELD_PENAL_LEFT+15.0f;
                // 로봇이 X좌표의 목표로 할 곳은 FIELD_PENAL_LEFT+15.0
                g_dMyRobotGoal[RobotID][1]=Ball_y;
                // 로봇이 Y좌표의 목표로 할 곳은 볼의 Y좌표
                g_dMyRobotGoalVel[RobotID]=0.0f;
```

```
                    // 로봇이 목표지점에 도착하면 정지
          }
}

/////////1번 로봇 행동.////////////// ( GOALIE )
//RobotID=1;

if(Ball_x > FCENTERX )
// 볼의 X좌표가 필드 중앙을 넘어갔을 때 상대방 진영으로 RIGHT SIDE쪽으로
{
          if(Ball_y > FIELD_GOAL_TOP && Ball_y < FIELD_GOAL_BOT )
          //볼의 Y좌표가 FIELD_GOAL_TOP과 FIELD_GOAL_BOT 사이에 있을 때
          {

                    g_dMyRobotGoal[RobotID][0]=FIELD_LEFT_IN+5.0f;
                    //로봇의 X좌표가 목표로 할 곳은 FIELD_LEFT_IN+5.0
                    g_dMyRobotGoal[RobotID][1]=FCENTERY;
                    //로봇의 Y좌표가 목표로 할 곳은 필드 중앙
                    g_dMyRobotGoalVel[RobotID]=0.0f;
                    // 로봇이 목표지점에 오면 속도 0.0으로 정지

          }
else//볼의 Y좌표가 FIELD_GOAL_TOP과 FIELD_GOAL_BOT 사이를 벗어났을 때
          {
                    g_dMyRobotGoal[RobotID][0]=FIELD_LEFT_IN+5.0f;
                    //로봇의 X좌표가 목표로 할 곳은 FIELD_LEFT_IN+5.0
                    g_dMyRobotGoal[RobotID][1]=FCENTERY;
                    //로봇의 Y좌표가 목표로 할 곳은 필드 중앙
                    g_dMyRobotGoalVel[RobotID]=0.0f;
                    // 로봇이 목표지점에 오면 속도 0.0으로 정지
          }
}

else if(Ball_x < FCENTERX && Ball_x < FIELD_GOALLINE_LEFT)
// 볼의 X좌표가 중앙과 FIELD_GOALLINE_LEFT 사이에 위치했을 때
{
          if( Ball_y < FIELD_GOALLINE_TOP-5.0 )
```

```
            // 볼의 Y좌표가 FIELD_GOALLINE_TOP-5.0 보다 작을 때
            {
                    g_dMyRobotGoal[RobotID][0]=FIELD_LEFT_IN+5.0f;
                    //로봇의 X좌표가 목표로 할 곳은 FIELD_LEFT_IN+5.0
                    g_dMyRobotGoal[RobotID][1]=FIELD_GOALLINE_TOP;
                    //로봇의 Y좌표가 목표로 할 곳은 FIELD_GOALLINE_TOP
                    g_dMyRobotGoalVel[RobotID]=0.0f;
                    // 로봇이 목표지점에 오면 속도 0.0으로 정지
            }

            else if(Ball_y > FIELD_GOALLINE_BOT+5.0)
            // 볼의 Y좌표가 FIELD_GOALLINE_BOT+5.0 보다 클 때
            {
                    g_dMyRobotGoal[RobotID][0]=FIELD_LEFT_IN+5.0f;
                    //로봇의 X좌표가 목표로 할 곳은 FIELD_LEFT_IN+5.0
                    g_dMyRobotGoal[RobotID][1]=FIELD_GOALLINE_BOT;
                    //로봇의 Y좌표가 목표로 할 곳은 FIELD_GOALLINE_BOT
                    g_dMyRobotGoalVel[RobotID]=0.0f;
                    // 로봇이 목표지점에 오면 속도 0.0으로 정지
            }

            else // 볼의 Y좌표가 FIELD_GOALLINE_TOP-5.0 과
            FIELD_GOALLINE_BOT+5.0 사이에 있을 때
            {
                    g_dMyRobotGoal[RobotID][0]=FIELD_LEFT_IN+5.0f;
                    //로봇의 X좌표가 목표로 할 곳은 FIELD_LEFT_IN+5.0
                    g_dMyRobotGoal[RobotID][1]=Ball_y;
                    //로봇의 Y좌표가 목표로 할 곳은 볼의 Y좌표
                    g_dMyRobotGoalVel[RobotID]=0.0f;
                    // 로봇이 목표지점에 오면 속도 0.0으로 정지
            }
    }
    else // 볼의 X좌표가 FIELD_GOALLINE_LEFT보다 작을 때
    {
            if(Ball_y > FIELD_GOALLINE_BOT+5.0 )
            // 볼의 Y좌표가 FIELD_GOALLINE_BOT+5.0 보다 클 때
            {
```

```
            g_dMyRobotGoal[RobotID][0]=FIELD_LEFT_IN+5.0f;
            //로봇의 X좌표가 목표로 할 곳은 FIELD_LEFT_IN+5.0
            g_dMyRobotGoal[RobotID][1]=FIELD_GOALLINE_BOT;
            //로봇의 Y좌표가 목표로 할 곳은 FIELD_GOALLINE_BOT
            g_dMyRobotGoalVel[RobotID]=0.0f;
            // 로봇이 목표지점에 오면 속도 0.0으로 정지
    }

    else if(Ball_y < FIELD_GOALLINE_TOP-5.0 )
    // 볼의 Y좌표가 FIELD_GOALLINE_TOP-5.0 보다 작을 때
    {
            g_dMyRobotGoal[RobotID][0]=FIELD_LEFT_IN+5.0f;
            //로봇의 X좌표가 목표로 할 곳은 FIELD_LEFT_IN+5.0
            g_dMyRobotGoal[RobotID][1]=FIELD_GOALLINE_TOP;
            //로봇의 Y좌표가 목표로 할 곳은 FIELD_GOALLINE_TOP
            g_dMyRobotGoalVel[RobotID]=0.0f;
            // 로봇이 목표지점에 오면 속도 0.0으로 정지
    }

    else if(Ball_y < FIELD_PENAL_BOT && Ball_y > FCENTERY )
    //볼의 Y좌표가 FIELD_PENAL_BOT 보다 작고 FCENTERY보다 클 때
    {
            g_dMyRobotGoal[RobotID][0]=FIELD_LEFT_IN+5.0f;
            //로봇의 X좌표가 목표로 할 곳은 FIELD_LEFT_IN+5.0
            g_dMyRobotGoal[RobotID][1]=Ball_y+3.0f;
            //로봇의 Y좌표가 목표로 할 곳은 볼의 Y좌표 +3.0
            g_dMyRobotGoalVel[RobotID]=0.0f;
            // 로봇이 목표지점에 오면 속도 0.0으로 정지
    }

    else if(Ball_y > FIELD_PENAL_TOP && Ball_y < FCENTERY )
    //볼의 Y좌표가 FIELD_PENAL_TOP 보다 크고 FCENTERY보다 작을 때
    {
            g_dMyRobotGoal[RobotID][0]=FIELD_LEFT_IN+5.0f;
            //로봇의 X좌표가 목표로 할 곳은 FIELD_LEFT_IN+5.0
            g_dMyRobotGoal[RobotID][1]=Ball_y-3.0f;
            //로봇의 Y좌표가 목표로 할 곳은 볼의 Y좌표 -3.0
```

```
                    g_dMyRobotGoalVel[RobotID]=0.0f;
                    // 로봇이 목표지점에 오면 속도 0.0으로 정지
            }
        }
}
```

찾아보기

|||| 저자약력 ||||

■ 김 동 한

· 1991.3~1995.8/KAIST 전기 및 전자공학과 공학사
· 1996.3~1998.2/KAIST 전기 및 전자공학과 공학석사
· 1998.3~2003.2/KAIST 전기 및 전자공학과 공학박사
· 2003.4~2004.4/University of Illinois at Urbana-Champaign Post-doc.
· 2004.5~2007.2/삼성전자 무선개발실 책임연구원
· 2007.3~현재/경희대학교 전자정보대학 전자·전파공학전공 교수

<연구분야 및 보유기술>
· Multi-agent Cooperation System, Humanoid Robot
· Intelligent Robot의 설계와 해석

E-mail : donghani@khu.ac.kr

■ 정 태 충

· 1976.3~1980.2/서울대학교 전자공학과 공학사
· 1980.3~1982.2/KAIST 전산학과 공학석사
· 1982.3~1987.8/KAIST 전산학과 공학박사
· 1987.9~1988.3/KIST 시스템공학센터 선임연구원
· 2001.3~2002.2/University of Iowa Visiting professor
· 1988.3~현재/경희대학교 전자정보대학 컴퓨터공학전공 교수

<연구분야 및 보유기술>
· 인공지능, 인터넷 보안, Timetabling, 정음 로마자 표기법

E-mail : tcchung@khu.ac.kr

로봇 축구 시스템의 이해와 실습

2009년 8월 25일 1판 2쇄 발행

저 자 김동한·정태충
발행인 남 승 우

발행처 도서출판 **상尙 학學 당堂**

서울특별시 동작구 사당3동 220-43
TEL : 02) 595-1692~4
FAX : 02) 595-1394
E-mail : namdoo6@unitel.co.kr
신고 : 2-155호 (1968. 11. 29)

정가 15,000원

ISBN 978-89-85437-89-9 93560